KB270380

산야초로 만든 발효청과 요리

이영순 저

예신 Books

머리말

　　20년 전 경기도의 어느 발효 음식 전문점에서 보고 신선한 충격을 받아 발효 음식 연구를 시작한 뒤로 여러 번의 실패와 노력 끝에 이제는 발효청을 식생활 전반에 걸쳐 사용할 수 있는 요리법까지 연구하게 되었다.

　　산야초를 이용한 발효청을 만들기 위해 자연의 맛을 찾아 산이며 들로 쫓아다니기를 수십 번, 어느 곳에 어떤 산야초가 있는지 눈을 감고도 알 수 있을 정도로 보고 또 보고 관찰하기를 수십 번…. 인간이 만들 수 없는 자연에서 자연 느낌을 그대로 채취한다는 것은 정말 어려운 일이었지만 뜨거운 태양의 계절 여름이 지나고 결실을 맺는 가을이 오듯 자연은 고통을 준 만큼 대가를 주었다.

　　산야초는 자연에 순응하면서 스스로를 지키기 위해 만들어 낸 다양한 물질로 항암, 항균, 면역력 향상 등의 효능을 우리에게 준다. 이런 산야초를 어떻게 이용하느냐에 따라 그 효능을 다양하게 누릴 수 있는데 생채, 나물, 묵나물, 발효 등 먹는 방법에 따른 재료의 효능과 특성을 연구한 결과, 우리 식생활에 늘 가까이 두면서 언제 어디서나 자연의 맛을 활용할 수 있는 것은 의외로 간단한 소스라는 것을 깨달았다. 소스를 이용하면 식품 그대로의 맛을 최대한 살린 담백함을 기본으로 눈과 입이 즐거운 건강 음식을 만들 수 있는 것이다. 이런 사실을 깨닫고 누가 먹어도 맛있는 천연 소스인 산야초 발효청으로 음식을 만들어 색과 맛을 내보고 그것을 이 책으로 엮었다.

　　이 책은 우리 주변에서 쉽게 볼 수 있는 산야초 사진과 함께, 산야초를 발효청으로 담그기 위한 채취 시기, 담그는 방법, 특징 및 재료의 효능, 그에 따른 요리법과 2차 발효 식품(발효청고추장) 만드는 방법 등을 수록하여 발효청이 우리 식생활 전반에 걸쳐 다양하게 이용될 수 있도록 하였다.

　　책이 출간되기까지 많이 도와주신 사진작가 구세영 씨와 윤길현 선생님, 푸드스타일리스트 정혜선 님, 강지영 님에게 감사의 마음을 전한다. 또한 책 출간을 위해 여러 면에서 도와주시고 애써 주신 도서 출판 예신 사장님과 편집부 직원들께 감사드린다. 아울러 사랑하는 남편, 현정, 승현이에게도 감사의 마음을 전한다.

　　이 책이 유용한 자료가 되어 발효청이 우리 식생활에 다양하게 이용될 수 있기를 기대한다.

저자 씀

차례

산야초 발효청 만들기

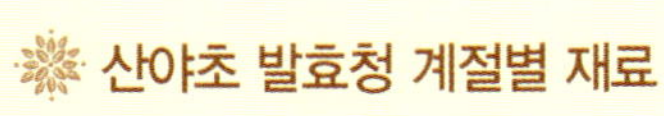

산야초 발효청 계절별 재료

봄 재료

옥잠화, 참취, 원추리, 망초, 질경이, 돌나물, 왕고들빼기, 민들레, 쑥, 참죽나무, 명아주, 돼지감자 잎, 조릿대, 제피나무 잎, 고사리, 곰취, 매실, 비름, 닥나무 잎, 두릅, 감나무 잎, 엄나무, 화살나무 잎, 제비꽃, 엉겅퀴, 자귀나무, 머위, 냉이, 당귀 순, 방풍 잎, 달맞이꽃, 소루쟁이, 칡, 벌개미취, 뽕잎, 으름덩굴 순, 청미래덩굴 잎, 도라지 순, 솔잎

여름 재료

약모밀, 작약, 쇠비름, 보리수, 수련, 쇠무릎, 괭이밥, 도라지 꽃, 환삼덩굴, 칡잎, 피마자 잎, 좀깻잎나무, 산초나무 잎, 까마중, 방아, 깻잎, 차즈기, 무화과, 당귀 꽃, 담쟁이덩굴, 치자나무 잎, 산딸나무 잎, 싸리나무 잎, 헛개나무 잎, 양파, 마늘, 돌복숭아, 질경이, 작약 꽃, 달맞이꽃, 닭의장풀, 미나리, 풋감, 청미래덩굴 열매, 으름덩굴 잎

가을 재료

벌개미취, 닭의장풀, 맥문동, 꽈리, 소루쟁이, 으름, 더덕, 치자, 우엉, 인삼, 마, 버섯, 방가지똥, 도라지, 쇠무릎 뿌리, 탱자, 비비추

겨울 재료

칡뿌리, 생강, 황기, 감초, 비트, 작약 뿌리, 당귀 뿌리 등 각종 뿌리 종류

사계절 사용 가능한 재료(잎, 꽃, 열매, 뿌리 등 계절별로 사용 가능)

비비추, 달맞이꽃, 솔잎, 칡, 쇠무릎, 돼지감자, 조릿대, 닥나무, 더덕, 치자나무, 헛개나무, 우엉, 생강, 마, 버섯류 등

🌸 그 외 발효청 만들기

열매로 만드는 발효청

매실, 돌복숭아, 홍고추, 청양고추, 오디, 감, 보리수, 까마중, 무화과, 산딸나무 열매, 청미래덩굴 열매, 탱자, 으름 및 각종 과일

다른 산야초와 배합해도 되는 산야초

쑥, 민들레, 머루, 산나물, 차즈기, 당귀, 오미자, 더덕, 도라지, 냉이, 오디, 돌미나리, 돌복숭아, 돌배, 황기, 감초

🌸 산야초 채취 시 주의 사항

• 독초를 주의한다(식용하는 것과 독초를 정확히 알고 사용).
• 꽃과 열매는 손질할 때 물에 씻으면 화분, 향기, 단맛이 빠져나가 영양분과 약성이 손실되므로 주의한다.

🌸 독초의 종류 및 감별법과 응급 처치법

독초의 종류

개구리자리, 개구릿대, 누리장나무, 광대싸리, 괴불주머니, 꿩의다리, 대극, 동의나물, 등대풀, 미나리아재비, 미치광이풀, 박새, 반하, 배풍등, 복수초, 삿갓나물, 석산 뿌리, 숫잔대, 앉은부채, 애기똥풀, 여로, 은방울꽃, 자리공, 주목 열매, 진범, 참빗살나무 열매, 천남성, 투구꽃, 피나물, 현호색, 화살나무 열매 등

독초 감별법

피부의 연한 곳에 잎, 줄기를 문질러 보아 발진이나 물집이 생기지 않는지 확인해 본다.

증상

설사, 구토, 복통, 어지럼증, 경련, 호흡 곤란

응급 처치법

재빨리 입안에 손가락을 넣어 토해 내고, 따뜻한 물을 마신 뒤 빨리 병원에 간다(이때 먹은 독초는 가지고 간다).

독초 중독 시 해독 방법

감초, 잔대 뿌리, 검은콩을 끓여 식힌 물을 마시거나 칡즙, 생강즙, 열매 등을 상태에 따라 마신다.

✺ 산야초 발효청 담그기

1. 채취하기

찻길에서 1km 떨어진 곳이나 차 소리가 들리지 않는 청정 지역에서 채취한다.

2. 재료에 따른 1차 발효 기간(재료의 상태에 따라 기간을 가감해도 된다)

- 꽃 : 20일 정도면 발효(꽃은 잎이나 열매보다 1차 발효 기간이 짧다)
- 새순, 잎, 줄기 : 30일 정도(열매와 뿌리보다는 1차 발효 기간이 짧다)
- 열매 : 60일 정도(여름 열매는 수분이 많아서 가을 열매보다 당분을 더 넣는다)
- 뿌리 : 50~60일 정도(섬유질이 많은 약초 뿌리는 수분이 있는 당분을 늘린다)

3. 손질하기

① 채집해 온 재료들을 펼쳐 놓고 다듬어 시든 잎과 낙엽, 상처 난 것을 골라 낸다.
② 먼지와 흙을 잘 씻어 그늘에서 물기를 빼서 살짝 말린다(재료가 시들지 않게 주의).

4. 자르거나 갈기

① 연한 새순은 그냥 사용한다.
② 부드럽고 수분이 많은 것은 10cm 이내 크기로 절단한다.
③ 수분이 적고 뿌리가 단단한 것은 2~3cm로 잘게 자른다.
④ 건조된 재료는 분말로 갈아서 사용한다.

5. 담그기

① 버무릴 때 환경 호르몬이 없는 용기를 사용한다(스테인리스, 옹기 뚜껑 등).
② 물기를 뺀 재료에 설탕, 조청(꿀 또는 올리고당), 소금 등을 넣고 섞는다(여름에는 너무 많이 젓지 말아야 하며, 겨울에는 충분히 저어 준다).

③ 발효청 색은 발효되었을 때 원하는 색깔에 따라 당분을 선택한다(조청, 꿀, 올리고당, 백설탕, 황
　설탕, 흑설탕 등).

④ 기본 비율

　• 식물의 특성과 계절에 따라 조정한다.

　• 과일의 경우, 여름에는 수분이 많으므로 당분을 늘리고 겨울에는 평균적으로 넣는다.

　• 마늘, 생강, 구근류는 당분이 녹도록 많이 버무린다.

⑤ 잘 버무린 재료를 차곡차곡 넣고 눌러 준 뒤 제일 위에 설탕을 뿌리고 큰 돌멩이를 올린다.

⑥ 항아리 입구를 한지로 밀봉한 뒤 이름과 날짜, 각종 재료의 비율을 기록한다.

⑦ 발효시킬 때는 한지로 덮고 뚜껑을 닫아 처음에는 설탕이 녹을 때까지 2~3일에 한 번씩 저
　어 주다가 다음에는 15일에 한 번씩 가스를 날리고 발효시킨다.

⑧ 당분(설탕 또는 조청, 올리고당)과 소금의 양(비율)

　• 꽃 : 재료의 무게 1 : 설탕 0.5 : 조청 0.2 : 소금 0.02

　• 새순, 잎, 줄기 : 재료의 무게 1 : 설탕 0.5 : 조청 0.2 : 소금 0.02

　• 열매 및 뿌리 : 재료의 무게 1 : 설탕 0.5 : 조청 0.2 : 소금 0.02

　☀ Tip ☀ 수분이 많은 약초와 뿌리는 당분의 양을 늘린다.

6. 발효 기간과 온도

① 설탕은 흑설탕이 백설탕보다 발효가 잘된다.

② 17~22℃ 상온에서 재료에 따라 20~60일 정도 발효시키며, 보통 재료는 30일이 적당하다.

③ 탄수화물과 당이 있어야 발효되며, 발효는 신속하고 순간적으로 된다.

④ 발효가 될 때는 술기운이 시작될 때이며, 초파리가 오기 시작하면서 발효는 정지되고 그 이
　후에는 식초가 된다.

7. 술이 되는 이유

① 설탕이 적을 경우

② 재료의 질이 낮을 경우(상한 것, 시든 것 등)

8. 발효가 되었을 경우 확인하는 방법

① 거품이 생기기 시작하면 발효가 시작되고, 가스가 나와 건더기가 올라왔다가 내려간 흔적
이 있다.

② 가스가 나오기 시작한다.

③ 재료의 전분과 수액이 다 빠져나오고 재료의 색이 변한다.

④ 재료 자체의 향과 식감이 살아 있는 상태로 맛과 향이 좋을 때

⑤ 풋내나 군내가 나지 않고 탄산가스가 올라오지 않으면 발효가 끝난 상태

❋ 발효 중 곰팡이가 생길 경우 대처하는 방법

① 자주 저어 주거나 재료가 잠기도록 무거운 것으로 눌러 준다.

② 설탕을 조금 더 넣어 준다.

③ 흰곰팡이가 생기면 걷어 버리고 다시 설탕을 더 넣는다(단, 푸른곰팡이나 붉은곰팡이가 생겼을 경우
에는 전부 버려야 된다).

❋ 발효청 숙성 및 보관

1. 1차 보관하기

① 햇볕이 들지 않는 서늘한 곳에 보관한다(북쪽 베란다 또는 동쪽 장독대).

② 온도 변화가 없는 굴속에 보관하면 가장 좋다.

2. 건더기 거르기

① 발효 과정 중 재료 자체의 맛이 느껴지는 시기를 정한 후 건더기를 건진다.

② 1차 발효가 끝나면 건더기를 건져 내고 고운체나 삼베 자루에 넣고 짜서 액체만 보관한다.

3. 2차 숙성과 보관

① 맑게 걸러 낸 액체는 1차 숙성 기간 정도 더 서늘한 곳에서 숙성시켜 보관한다.

② 냉장 보관하거나 동굴, 땅에 묻어서 보관한다.

③ 뚜껑을 열었을 때 펑 하고 발효청이 솟아오르면 숙성이 덜 된 것이므로 일정 기간 숙성을 더
시켜야 한다.

4. 발효청 보관 및 사용 시 주의 사항

① 열과 높은 온도에 약하므로 사용 시 주의한다.

② 냉장 보관 시 유리병을 사용하면 게워 올라오므로 페트병에 보관한다.

③ 2차 숙성된 발효청은 보관 시 뚜껑을 조금 열어 둔다.

❀ 발효청 담그는 여러 가지 방법

① 설탕 : 일반적인 재료

② 설탕, 소금 : 잎, 뿌리를 장아찌로 사용할 경우

③ 설탕, 소금, 조청(꿀, 올리고당) : 잎, 뿌리가 딱딱하거나 수분이 없는 경우

④ 꿀 : 가루로 만든 재료(인삼 가루, 한약재 가루 등)

⑤ 설탕 1 : 물 1 끓여 달임 = 1로 만들어 + 설탕 1 : 뿌리 재료, 마른 재료(이 방법을 이용하면 숙성
　기간이 단축되고 발효가 잘된다)

❀ 발효청을 요리에 적용

① 각종 요리에 대체 당으로 사용 : 소스, 무침, 나물, 볶음, 찜, 조림 등에 적용

② 발효 식품 담글 때 : 맛간장, 된장, 발효청고추장, 김치류, 장아찌류, 피클류 등

③ 음용 : 차, 음료 및 기능성(다이어트, 배탈, 질환에 따른 복용)

- 음용 시간 : 일어난 직후 식전, 가능한 아침, 취침 전 공복
- 음용 횟수 : 제한은 없지만 하루에 2~4회
- 음용 방법 : 물의 4~5배 희석(희석하는 것보다 원액을 그대로 음용하는 것이 효과적이며, 물에 희석하여
　오랫동안 놔두면 발효청 활성이 떨어지므로 바로 마시는 것이 좋다)
- 음용량 : 목적에 따라 1회 20~60mL
- 음용 기간 : 4~6개월 동안 지속적으로 음용
- 45℃ 이하의 온도에서 물에 희석(온도 주의)

④ 식초로 활용

⑤ 발효청 배양액 만들기 : 딸기, 바나나, 사과 등의 과일을 갈아서 발효청을 넣어 2~3일 배양한
　후 냉장고에 보관하여 먹는다.

✸ Tip ✸ 한 재료를 장복하는 것은 편식이 되어 좋지 않으므로 다양하게 음용한다.

발효청 담그기

※ **재료** 달맞이꽃(잎과 꽃을 각각 따로 담글 시 각 재료의 양은 두 배로 준비) 잎과 꽃 2kg, 설탕 1kg, 소금 2큰술, 조청(꿀 또는 올리고당) 1.5컵

※ **만드는 법**

1. 꽃은 따서 씻지 않고, 잎은 깨끗이 씻어 물기를 제거한 후 나머지 재료를 넣고 버무려 용기에 담고 한지로 덮는다(이름과 날짜, 각종 재료의 비율을 기록).

2. 2~3일에 한 번씩 설탕이 완전히 녹을 때까지 잘 뒤집어 주고 30일 정도 발효시킨 후 건더기는 걸러 낸다(꽃 20일).

3. 1차 발효된 청은 30일 이상 실온에서 2차 숙성시킨 후 냉장 보관하면서 음식의 용도에 따라 사용한다(보관 시 뚜껑은 살짝 열어 둔다).

4. 1차 발효된 건더기는 장아찌를 만들거나 갖은 양념하여 무쳐 먹는다.

[달맞이꽃발효청]

달맞이꽃발효청핫소스드레싱

재료(2인분) 돼지고기불고기감300g, 달맞이꽃100g, 양파 1/2개

고기 양념장 달맞이꽃발효청 2큰술, 발효청고추장 2큰술, 고춧가루 1/2큰술, 맛간장 1큰술, 다진 마늘 1큰술, 생강가루 1작은술, 참기름 1큰술, 후춧가루 약간

드레싱 핫소스 1/4컵, 고춧가루 1작은술, 맛간장 1큰술, 식초 1큰술, 참기름 약간

만드는 법

➊ 돼지고기는 먹기 좋은 크기로 잘라 분량의 고기 양념장에 재워 둔다.

➋ 달맞이꽃과 양파는 손질하여 곱게 채 썰어 찬물에 담가 둔다.

➌ 재워 둔 돼지고기는 팬에 볶아 접시에 담고, 채 썬 달맞이꽃과 양파는 물기를 제거하고 드레싱에 가볍게 버무린 뒤 담아 둔 볶은 고기 옆에 같이 낸다.

닭의장풀 람화초, 압식초, 달개비, 압척초, 닭의꼬꼬

채취 시기 봄~가을

특징 및 효능 꽃이 마치 닭 벼슬을 닮았다고 해서 붙여진 이름이다. 이뇨 작용을 하여 당뇨병에 아주 좋은 효능을 가지고 있으며, 해열 작용을 한다. 목이 부어 아프고 감기로 인한 급성 열병에 좋고, 뱀에 물린 상처에도 사용한다. 전초를 깨끗이 손질하여 그늘에 말린 것을 적당히 물에 넣고 달여 차 대용으로 마시면 좋다.

✳ Tip ✳ 꽃이 필 무렵에 채취하여 사용해도 좋다.

발효청 담그기

※ **재료** 닭의장풀 잎 2kg, 설탕 1kg, 소금 2큰술, 조청(꿀 또는 올리고당) 1.5컵

※ **만드는 법**

1. 닭의장풀 잎을 채취하여 깨끗이 씻어 물기를 제거한 후 나머지 재료를 넣고 버무려 용기에 담고 한지로 덮는다(이름과 날짜는 각종 재료의 비율은 꼭 기록).

2. 2~3일에 한 번씩 설탕이 완전히 녹을 때까지 잘 뒤집어 주고 30일 정도 발효시킨 후 건더기는 걸러 낸다(발효 상태를 확인한 후 기간은 가감될 수 있다).

3. 1차 발효된 청은 30일 이상 실온에서 2차 숙성시킨 후 냉장 보관하면서 음식의 용도에 따라 사용한다(보관 시 뚜껑은 살짝 열어 둔다).

[닭의장풀잎발효청]

닭의장풀발효청호두장조림

재료(2인분) 깐 호두 2컵

양념장 맛간장 3큰술, 닭의장풀발효청 3큰술, 물 1/2컵, 계피가루 1작은술

만드는 방법

1. 깐 호두를 끓는 물에 넣고 떠오르면 불을 끄고 10분 정도 담가 떫은맛을 없앤 후 찬물에 헹궈 체에 받쳐 둔다.

2. 냄비에 양념장 재료를 넣고 한소끔 끓으면 호두를 넣고 조린다.

망초 잔꽃풀, 소연초, 연화초

채취 시기 잎 : 봄~여름, 꽃 : 7~9월

특징 및 효능 일제 강점기에 일본이 철도를 부설하는 과정에서 망초 씨앗이 묻어 들어와 철도를 따라 번식하자 농민들은 일본이 조선을 망하게 하려고 씨앗을 뿌렸다고 생각하여 그 꽃을 '망국초'라 불렀다. 그것이 변해 지금의 '망초'가 됐다. 가을에 전초를 채취해 잘게 썰어 햇볕에 말려 두었다 조금씩 달여 마시면 관절염, 골다공증, 간염, 결막염 등에 효능이 있다.

❊Tip❊ 발효청을 담그는 재료는 반드시 오염되지 않은 청정 지역에서 채취한 것을 사용해야 중금속의 피해를 막을 수 있다.

발효청 담그기

❋ **재료** 망초 전초 2kg, 설탕 1kg, 소금 2큰술, 조청(꿀 또는 올리고당) 1.5컵

❋ **만드는 법**

1. 망초 전초를 채취하여 깨끗이 씻어 물기를 제거한 후 나머지 재료를 넣고 버무려 용기에 담고 한지로 덮는다(이름과 날짜, 각종 재료의 비율을 기록).

2. 2~3일에 한 번씩 설탕이 완전히 녹을 때까지 잘 뒤집어 주고 30일 정도 발효시킨 후 건더기는 걸러 낸다(발효 상태를 확인한 후 기간은 가감될 수 있다).

3. 1차 발효된 청은 30일 이상 실온에서 2차 숙성시킨 후 냉장 보관하면서 음식의 용도에 따라 사용한다(보관 시 뚜껑은 살짝 열어 둔다).

[망초발효청]

망초발효청연근조림

재료(2인분) 연근 300g, 식초 약간, 마른 고추 1개, 저민 생강 3쪽, 망초발효청 1큰술, 검은깨 약간

양념장 맛간장 4큰술, 망초발효청 5큰술, 다시마물 1/2컵

만드는 법

❶ 연근은 껍질을 벗기고 먹기 좋은 크기로 잘라 끓는 물에 식초를 넣고 데친다.

❷ 분량의 양념장에 연근과 마른 고추, 저민 생강을 넣고 양념장이 자작해질 때까지 조린다.

❸ 한 김 식힌 연근조림에 망초발효청을 넣고 버무린 뒤 검은깨를 뿌려서 접시에 담는다.

맥문동 계전초, 여동, 마구, 인동, 여랑, 수지

채취 시기 가을

특징 및 효능 이름의 유래로 잎이 보리와 비슷해서 붙여졌다는 설, 겨울에도 죽지 않는 풀이라는 뜻에서 붙여졌다는 설 등 여러 가지 설이 전해진다. 폐를 보호하고 강장 효과가 뛰어나며 사포닌(saponin)을 함유하고 있어 가래를 없애고 기침을 멈추게 한다. 몸이 차거나 설사를 할 때는 먹지 않는다.

Tip 맥문동 뿌리 속의 심지를 빼지 않으면 약효가 떨어지기 때문에 반드시 제거하고 사용한다.

발효청 담그기

❋ **재료** 맥문동 뿌리 2kg, 흑설탕 1.2kg, 소금 2큰술, 조청(꿀 또는 올리고당) 1.5컵, 설탕 시럽(물 1 : 설탕 1 끓임) 1컵

❋ **만드는 법**

1. 맥문동 뿌리의 심지를 빼고 깨끗이 씻어 물기를 제거한 후 나머지 재료를 넣고 버무려 용기에 담고 한지로 덮는다(이름과 날짜, 각종 재료의 비율을 기록).

2. 2~3일에 한 번씩 설탕이 완전히 녹을 때까지 잘 뒤집어 주고 60일 정도 발효시킨 후 건더기는 걸러 낸다(발효 상태를 확인한 후 기간은 가감될 수 있다).

3. 1차 발효된 청은 60일 이상 실온에서 2차 숙성시킨 후 냉장 보관하면서 음식의 용도에 따라 사용한다(보관 시 뚜껑은 살짝 열어 둔다).

   Tip 필요에 따라 생강, 대추, 감초 달인 물을 첨가하여 사용하면 더욱 좋은 음식이 된다.

4. 걸러 낸 뿌리는 장아찌를 만들거나 장조림으로 만들어 먹는다.

[**맥문동뿌리발효청과 뽕잎발효청**] 맥문동과 뽕잎을 같이 사용하면 서로 궁합이 잘 맞아 효능이 더욱 상승한다.

맥문동발효청장아찌

재료 맥문동발효청 건더기 600g, 된장 3컵, 발효청고추장 3컵

양념 다진 마늘 1큰술, 다진 파 1큰술, 참기름 1작은술, 통깨 약간

만드는 법

❶ 맥문동발효청 건더기를 건져 된장과 발효청고추장에 각각 따로 나누어 박아 1개월 정도 숙성시킨다.

❷ 1개월 후 박아 둔 맥문동을 꺼내 된장과 발효청고추장을 훑어내고 분량의 양념을 넣어 무쳐 먹는다(먹을 때마다 조금씩 무쳐 먹으면 된다).

질경이 차전초, 길장구, 뿌부쟁이, 뱀조개씨

채취 시기   봄~가을

특징 및 효능   잎이 잘 끊어지지 않고 질기다 해서 붙은 이름이다. 다른 산야초와 달리 섬유질이 발달하여 사람이 밟고 지나가도 죽지 않는다. 천식, 어지럼증이나 두통, 이뇨, 변비에도 효능이 있다.

❋ **Tip** ❋   천식, 임질에는 질경이와 쑥, 감초를 약간 추가하여 달인 후 차 대용으로 마시면 효과가 있다. 쑥, 감초와 궁합이 잘 맞아 같이 섞어 사용하면 더 좋다.

발효청 담그기

❋ **재료** 질경이 전초 2kg, 황설탕 1.2kg, 소금 2큰술, 조청(꿀 또는 올리고당) 1.5컵

❋ **만드는 법**

1. 질경이 전초는 깨끗이 씻어 물기를 제거한 후 나머지 재료를 넣고 버무려 용기에 담고 한지로 덮는다(이름과 날짜, 각종 재료의 비율을 기록).

2. 2~3일에 한 번씩 설탕이 완전히 녹을 때까지 잘 뒤집어 주고 30일 정도 발효시킨 후 건더기는 걸러 낸다(발효 상태를 확인한 후 기간은 가감될 수 있다).

3. 1차 발효된 청은 30일 이상 실온에서 2차 숙성시킨 후 냉장 보관하면서 음식의 용도에 따라 사용한다(보관 시 뚜껑은 살짝 열어 둔다).

4. 1차 발효된 건더기는 김치를 만들거나 갖은 양념하여 무쳐 먹는다.

[질경이발효청]

질경이죽

재료(2인분) 찹쌀 1컵, 질경이 60g, 표고버섯 2개
양념 된장 1큰술, 질경이발효청 1큰술, 소금 약간
만드는 법

❶ 찹쌀은 서너 시간 정도 불려 믹서에 살짝만 간다. 질경이와 표고버섯은 잘게 다지듯이 썰어 둔다.

❷ 된장을 물에 풀어 체에 거른 뒤, ❶에서 갈아 놓은 찹쌀을 넣고 센 불에 올려서 끓으면 중간 불로 낮추고 찹쌀이 익으면 질경이와 표고버섯 다진 것을 넣고 더 끓인다.

❸ 입맛에 맞게 질경이발효청과 소금으로 간을 맞춘다.

돌나물 돈나물, 석상채, 석지갑, 수분초

채취 시기 봄~가을

특징 및 효능 옛날 환난을 당해 불타 버린 절터에 남은 목이 달아난 무두불에 돌나물 꽃이 피었는데, 유달리 돌을 좋아하는 돌나물이 무두불의 전신을 에워싸 마치 부처님이 전신에 황금 갑옷을 입은 듯했다 하여 불갑초란 이름으로 부르기도 했다. 칼슘은 우유의 두 배나 되고 수분 함량은 수박보다 많아 봄철 건조한 피부에 좋다.

✻ **Tip** ✻ 된장, 육류와 함께 섭취하면 부족한 영양분이 보충된다.

발효청 담그기

※ **재료** 돌나물 전초 2kg, 설탕 1.2kg, 소금 2큰술, 조청(꿀 또는 올리고당) 1.5컵

※ **만드는 법**

1. 돌나물 전초를 깨끗이 씻어 물기를 제거한 후 나머지 재료를 넣고 버무려 용기에 담고 한지로 덮는다(이름과 날짜, 각종 재료의 비율을 기록).

2. 2~3일에 한 번씩 설탕이 완전히 녹을 때까지 잘 뒤집어 주고 20일 정도 발효시킨 후 건더기는 걸러 낸다(발효 상태를 확인한 후 기간은 가감될 수 있다).

3. 1차 발효된 청은 20일 이상 실온에서 2차 숙성시킨 후 냉장 보관하면서 음식의 용도에 따라 사용한다(보관 시 뚜껑은 살짝 열어 둔다).

[돌나물발효청]

돌나물발효청쇠고기편육냉채

재료(2인분) 쇠고기 양지머리(덩어리) 200g, 사과 1/2개, 배 1/2개, 밤 3개

돌나물 드레싱 연겨자 1작은술, 맛간장 1큰술, 청주 1작은술, 식초 1작은술, 돌나물발효청 2큰술, 소금·후춧가루 약간씩

만드는 법

❶ 쇠고기 양지머리는 덩어리째로 끓는 물에 넣고 삶아 건져서 차게 식힌 뒤 결 반대로 얇게 썬다. 사과와 배, 밤은 채를 썰어 둔다.

❷ 돌나물 드레싱 재료를 분량대로 섞어 차게 해 둔다.

❸ 접시에 ❶의 쇠고기를 보기 좋게 담은 뒤 중앙에 채 썬 과일과 밤을 담고 돌나물 드레싱을 뿌려 낸다.

약모밀 삼백초, 십자풀, 팔관채, 집약초

채취 시기 여름~가을
특징 및 효능 잎과 줄기에서 나는 특이한 독취가 마치 생선 비린내를 연상시킨다 하여 어성초라고도 하고, 열 가지 병에 쓰인다 하여 십약이라고도 불린다. 항균력이 강하며 축농증, 알레르기성 비염, 무좀, 여드름, 치질에 좋다. 항암 성분인 쿼세틴(quercetin)이 함유되어 있어 해독 작용을 한다.

❋ Tip ❋ 술을 좋아한다면 약모밀로 술을 담가 먹어도 좋다.

발효청 담그기

✿ **재료** 약모밀 잎 2kg, 설탕 1kg, 소금 2큰술, 조청(꿀 또는 올리고당) 1.5컵

✿ **만드는 법**

1. 약모밀 잎을 깨끗이 손질하여 씻어 물기를 제거한 후 나머지 재료를 넣고 버무려 용기에 담고 한지로 덮는다(이름과 날짜, 각종 재료의 비율을 기록).

2. 2~3일에 한 번씩 설탕이 완전히 녹을 때까지 잘 뒤집어 주고 30일 정도 발효시킨 후 건더기는 걸러 낸다(발효 상태를 확인한 후 기간은 가감될 수 있다).

3. 1차 발효된 청은 30일 이상 실온에서 2차 숙성시킨 후 냉장 보관하면 음식의 용도에 따라 사용한다(보관 시 뚜껑은 살짝 열어 둔다).

[약모밀잎발효청]

약모밀칼국수

재료(2인분) 약모밀 50g, 밀가루 3컵, 소금 약간, 애호박 1/2개, 당근 1/4개, 실파 3줄

멸치다시마물 국멸치 30g, 바지락 100g, 다시마 1장

양념장 국간장 2큰술, 다진 마늘 1/2큰술, 약모밀발효청 2큰술, 고춧가루 1/2큰술

만드는 법

❶ 약모밀을 깨끗이 씻어 즙을 내어 소금과 함께 밀가루에 넣고 반죽해 칼국수 면을 만들어 둔다.

❷ 애호박은 반달썰기하고, 당근은 채 썰고, 실파는 4cm 길이로 잘라 둔다.

❸ 분량의 멸치다시마물 재료를 넣고 끓여 멸치다시마물을 준비한 뒤 바지락은 건져 둔다.

❹ 양념장은 분량대로 섞어 둔다.

❺ 멸치다시마물을 냄비에 넣고 끓어오르면 칼국수 면을 넣어 한소끔 끓인 뒤 애호박, 당근, 실파와 건져 둔 바지락을 넣고 다시 끓인 다음 양념장과 같이 그릇에 곁들여 낸다.

작약 함박초, 함박꽃

채취 시기 꽃 : 여름, 뿌리 : 겨울

특징 및 효능 작약과의 여러해살이풀로 다양한 효능을 가진 약재로 쓰인다. 환경부 지정 멸종 위기 식물이기도 하다. 소염과 해열 작용이 있어 감기로 몸에 열이 나면 낮추는 효능이 있다. 강황, 생강을 함께 발효시켜 먹으면 신경통, 근육 경련에 좋아 격렬한 운동 후에 마시면 좋다. 당귀나 천궁을 함께 발효시키면 여성 질환에 좋다.

✳ **Tip** ✳ 치통이나 복통으로 갑자기 아픈 사람이 생기면 바로 채취하여 사용할 수 있다.

발효청 담그기

❋ **재료** 작약 뿌리 2kg, 설탕 1.2kg, 소금 2큰술, 조청(꿀 또는 올리고당) 1.5컵, 설탕 시럽
（물 1 : 설탕 1 끓임) 1컵

❋ **만드는 법**

1. 작약 뿌리는 잔뿌리를 정리해 깨끗이 씻어 물기를 제거하고 껍질을
그대로 둔 채 잘게 자른 후 나머지 재료를 넣고 버무려 용기에 담고
한지로 덮는다(이름과 날짜, 각종 재료의 비율을 기록).

2. 2~3일에 한 번씩 설탕이 완전히 녹을 때까지 잘 뒤집어 주고 50일
정도 발효시킨 후 건더기는 걸러 낸다(꽃 20일).

3. 1차 발효된 청은 50일 이상 실온에서 2차 숙성시킨 후 냉장 보관하
면서 음식의 용도에 따라 사용한다(보관 시 뚜껑은 살짝 열어 둔다).

4. 1차 발효하여 걸러 낸 뿌리는 무침, 볶음, 강정 등 다양한 요리로 재
탄생될 수 있다.

[작약뿌리발효청]

작약발효청카레

재료(2인분) 돼지고기 100g, 감자(중) 1개, 양파 1/2
개, 당근 1/4개, 식용유 약간
양념 카레가루 3큰술, 작약발효청 2큰술
만드는 법

❶ 돼지고기, 감자, 양파, 당근은 깨끗이 손질하여
사방 2cm 크기로 잘라 둔다.

❷ 냄비에 식용유를 두르고 ❶의 돼지고기를 먼저
볶다가 채소를 볶은 후 물을 붓고 익힌다.

❸ 카레가루와 작약발효청을 풀어 ❷에 넣고 끓
인다.

쇠비름 장명채, 마치현, 마식채, 돼지풀, 도둑풀

채취 시기 여름~가을

특징 및 효능 잎은 푸르고, 꽃은 노란색이며, 줄기는 붉고, 뿌리는 하얗고, 씨앗은 검은 것이 동양 철학의 오행 사상과 같다 하여 오행초라고도 불린다. 성질이 차고 맛은 시며 독은 없다. 나쁜 피를 흘어 버리고 독을 풀며 풍을 없앤다.

＊Tip＊ 쇠비름으로 발효청을 만들 때 돌나물을 동량으로 함께 이용하면 좋다. 돌나물은 부드러운 약성을 갖고 있고, 쇠비름은 강하고 공격적인 약성을 가지고 있어 서로 중화된다.

발효청 담그기

✿ **재료** 쇠비름 전초 2kg, 설탕 1.2kg, 소금 2큰술, 조청(꿀 또는 올리고당) 1.5컵

✿ **만드는 법**

1. 쇠비름 전초를 깨끗이 씻어 물기를 제거한 후 나머지 재료를 넣고 버무려 용기에 담고 한지로 덮는다(이름과 날짜, 각종 재료의 비율을 기록).

2. 2~3일에 한 번씩 설탕이 완전히 녹을 때까지 잘 뒤집어 주고 30일 정도 발효시킨 후 건더기는 걸러 낸다(발효 상태를 확인한 후 기간은 가감될 수 있다).

3. 1차 발효된 청은 30일 이상 실온에서 2차 숙성시킨 후 냉장 보관하면 음식의 용도에 따라 사용한다(보관 시 뚜껑은 살짝 열어 둔다).

[쇠비름발효청]

쇠비름무침

재료(2인분) 쇠비름 200g, 통깨 약간

양념장 발효청고추장 1큰술, 식초 1큰술, 다진 마늘 1작은술, 다진 파 1작은술, 쇠비름발효청 1큰술

만드는 법

❶ 쇠비름을 다듬어 끓는 물에 데쳐서 물기를 제거하여 3~4cm 길이로 잘라 둔다.

❷ 분량대로 양념장 재료를 섞어 둔다.

❸ ❷의 양념장에 ❶에서 준비해 둔 쇠비름을 넣고 가볍게 버무려 그릇에 담아 통깨로 장식한다.

꽈리 산장근, 등룡초, 왕모주, 홍고랑

채취 시기 가을

특징 및 효능 귀한 장이 들어 있는 장독을 지켜 준다는 속설이 있어 장독대나 우물가에 주로 심는다. 장난감이 없던 시절, 꽈리 열매는 손으로 조몰락조몰락하며 놀 수 있는 장난감이었다. 돼지고기를 먹고 체했을 때 뿌리를 달여서 먹고, 복통과 설사에 열매를 달여서 먹는다. 목이 붓고 아플 때, 기침, 해열에 효능이 있다.

✽ Tip ✽ 발효된 청을 피부 미용제로 사용하면 좋다.

발효청 담그기

✽ **재료** 꽈리 전초와 열매 2kg, 설탕 1.2kg, 소금 2큰술, 조청(꿀 또는 올리고당) 1.5컵, 설탕 시럽(물 1 : 설탕 1 끓임) 1컵

✽ **만드는 법**

1. 꽈리 전초와 열매를 채취하여 깨끗이 씻어 그늘에 말려 물기를 제거한 후 나머지 재료를 넣고 버무려 용기에 담고 한지로 덮는다(이름과 날짜, 각종 재료의 비율을 기록).

2. 2~3일에 한 번씩 설탕이 완전히 녹을 때까지 잘 뒤집어 주고 30일 정도 발효시킨 후 건더기는 걸러 낸다(발효 상태를 확인한 후 기간은 가감될 수 있다).

3. 1차 발효된 청은 30일 이상 실온에서 2차 숙성시킨 후 냉장 보관하면서 음식의 용도에 따라 사용한다(보관 시 뚜껑은 살짝 열어 둔다).

[꽈리발효청]

방풍 개방풀, 방풀나물, 병풀나물

채취 시기 잎 : 봄, 꽃 : 여름, 뿌리 : 가을

특징 및 효능 중풍이나 통풍을 막는다 해서 방풍이라고 한다. 특유의 향과 맛 때문에 쌈 채소로 많이 이용되며 나물, 장아찌로도 만들어 먹는다. 안면 신경 마비, 피부 가려움증, 감기로 온몸이 아플 때, 두통, 가래를 삭이는 데 좋다. 해풍을 맞고 자라는 방풍이 상품(上品)으로 알려져 해안가에서 많이 재배되고 있다.

❋ Tip ❋ 방풍발효청을 소스로 만들면 고기류와도 잘 어울리고, 소라와 같은 초무침 요리에 설탕 대신 사용하여도 좋다.

발효청 담그기

❈ **재료** 방풍 잎(또는 꽃) 2kg, 설탕 1kg, 소금 2큰술, 조청(꿀 또는 올리고당) 1.5컵, 설탕
 시럽(물 1 : 설탕 1 끓임) 1컵

❈ **만드는 법**

1. 방풍 잎(꽃을 사용할 경우에는 따서 씻지 않고 사용한다)은 깨끗이
   씻어 물기를 제거한 후 나머지 재료를 넣고 버무려 용기에 담고 한지
   로 덮는다(이름과 날짜, 각종 재료의 비율을 기록).

2. 2~3일에 한 번씩 설탕이 완전히 녹을 때까지 잘 뒤집어 주고 30일
   정도 발효시킨 후 건더기는 걸러 낸다(꽃 20일).

3. 1차 발효된 청은 30일 이상 실온에서 2차 숙성시킨 후 냉장 보관하
   면서 음식의 용도에 따라 사용한다(보관 시 뚜껑은 살짝 열어 둔다).

4. 1차 발효된 건더기는 피클을 만들거나 쌈밥으로 이용하면 더욱 맛
   있다.

[방풍잎발효청]

보리수나무 볼네나무, 보리똥나무, 우내자

채취 시기 잎 : 봄, 열매 : 여름, 뿌리 : 가을

특징 및 효능 옛날 보릿고개를 뜻하는 말로 보리가 익을 무렵 꽃이 핀다고 해서 '보리수'라는 이름이 붙여졌다. 보리수나무의 열매를 보리수라고 하며, 약간 떫으면서도 시고 달아 잼이나 과실주, 발효청으로 만들어 먹는다. 월경이 멈추지 않을 때 달여서 마시고, 십이지장충을 없애며, 티눈이 난 곳에 발라도 효과가 있다. 천식에는 잎과 뿌리를 달여서 먹는다.

✳ Tip ✳ 보리수나무는 익모초와 궁합이 잘 맞아 같이 섭취하면 산후 부종 치료에 좋다.

발효청 담그기

❋ **재료** 보리수나무 열매 2kg, 설탕 1.2kg, 소금 2큰술, 조청(꿀 또는 올리고당) 1.5컵

❋ **만드는 법**

1. 여름에 잘 익은 붉은 보리수나무 열매를 따서 깨끗하게 손질하여 씻지 않고 나머지 재료를 넣고 버무려 용기에 담고 한지로 덮는다(이름과 날짜, 각종 재료의 비율을 기록).

2. 2~3일에 한 번씩 설탕이 완전히 녹을 때까지 잘 뒤집어 주고 20일 정도 발효시킨 후 건더기는 걸러 낸다(발효 상태를 확인한 후 기간은 가감될 수 있다).

3. 1차 발효된 청은 20일(열매가 연하고 물러서 발효가 빨리됨) 이상 실온에서 2차 숙성시킨 후 냉장 보관하면서 음식의 용도에 따라 사용한다(보관 시 뚜껑은 살짝 열어 둔다).

4. 1차 발효된 건더기는 장아찌를 만들거나 갖은 양념하여 무쳐 먹는다.

[보리수발효청과 방풍발효청] 보리수나무 열매는 방풍과 서로 궁합이 잘 맞는다.

보리수발효청요구르트

재료 우유 5컵(1L), 플레인 요구르트 1/2컵, 보리수 잼 1/2컵

보리수 잼 보리수나무 열매 1컵, 보리수발효청 2컵

만드는 법

① 우유에 플레인 요구르트를 섞어 38℃를 유지하여 6~8시간 정도 발효시켜 요구르트를 만든다.

② 냄비에 깨끗하게 손질한 보리수나무 열매와 보리수발효청을 넣고 끓여서 씨는 걸러 내고 잼을 만든다.

③ 발효된 요구르트에 ②의 보리수 잼을 넣고 섞는다.

수련 미호, 자오련

채취 시기   여름

특징 및 효능   밤이면 오므라들고 햇빛이 강한 낮에 활짝 피기 때문에 수면 운동을 하는 꽃이라 하여 수련이라 불린다. 종종 연꽃과 혼동되지만 연꽃은 잎자루가 수면 위로 올라와 있고 연방이 있는 반면 수련은 잎자루가 물속에 잠긴 상태이고 꽃 속에 연방이 없다. 소아의 급성 또는 만성 경풍에 꽃을 달여서 먹는다. 한방에서는 지혈, 강장제로 사용한다.

❋ Tip ❋   수련발효청 건더기는 갈아서 소스로 활용한다.

발효청 담그기

❋ **재료** 수련 잎 2kg, 설탕 1kg, 소금 2큰술, 조청(꿀 또는 올리고당) 1.5컵

❋ **만드는 법**

1. 수련 잎을 깨끗이 씻어 물기를 제거한 후 나머지 재료를 넣고 버무려 용기에 담고 한지로 덮는다(이름과 날짜, 각종 재료의 비율을 기록).

2. 2~3일에 한 번씩 설탕이 완전히 녹을 때까지 잘 뒤집어 주고 30일 정도 발효시킨 후 건더기는 걸러 낸다.

3. 1차 발효된 청은 30일 이상 실온에서 2차 숙성시킨 후 냉장 보관하면서 음식의 용도에 따라 사용한다(보관 시 뚜껑은 살짝 열어 둔다).

[수련잎발효청]

수련발효청치킨샌드위치

재료(2인분) 호밀 빵 2개, 양파 1개, 토마토 1개, 샐러드 채소 적당량, 로스트치킨 200g

드레싱 머스터드소스 2큰술, 화이트와인식초 2큰술, 올리브오일 2큰술, 수련발효청 5큰술, 소금 · 후춧가루 약간씩

만드는 법

❶ 호밀 빵은 살짝 굽는다.

❷ 양파와 토마토는 링으로 자르고, 샐러드 채소는 깨끗이 씻어 물기를 제거한다.

❸ 드레싱 재료를 분량대로 섞어 둔다.

❹ 호밀 빵에 양파, 토마토, 샐러드 채소, 로스트치킨을 올리고 드레싱을 뿌려 낸다.

쇠무릎 우슬, 백배, 계교골, 산현채, 대절채

채취 시기 전초 : 봄~여름, 뿌리 : 가을, 겨울

특징 및 효능 줄기의 마디가 통통한 것이 마치 소의 무릎 관절 같다 하여 쇠무릎이란 이름이 붙여졌다. 소의 무릎을 닮은 생김새 덕분인지 인간의 무릎에도 좋다. 무릎이 쑤시거나 손발이 저리고 근육이나 뼈마디가 아픈 데 아주 좋다. 뿌리를 햇볕에 말렸다가 술을 담그면 적갈색의 인삼주처럼 쓴맛과 단맛이 은은하게 우러나온다.

❋ Tip ❋ 쇠무릎은 모과, 두충, 유근피(느릅나무 뿌리껍질)와 궁합이 맞는다.

발효청 담그기

✿ **재료** 쇠무릎 전초 2kg, 황설탕 1.2kg, 소금 2큰술, 조청(꿀 또는 올리고당) 1.5컵

✿ **만드는 법**

1. 봄~여름에 쇠무릎 전초를 채취하여 깨끗이 씻어 물기를 제거한 후 나머지 재료를 넣고 버무려 용기에 담고 한지로 덮는다(이름과 날짜, 각종 재료의 비율을 기록).

2. 2~3일에 한 번씩 설탕이 완전히 녹을 때까지 잘 뒤집어 주고 30일 정도 발효시킨 후 건더기는 걸러 낸다(뿌리 50일).

3. 1차 발효된 청은 30일 이상 실온에서 2차 숙성시킨 후 냉장 보관하면서 음식의 용도에 따라 사용한다(보관 시 뚜껑은 살짝 열어 둔다).

[쇠무릎발효청]

쇠무릎발효청매운등갈비찜

재료(2인분) 등갈비 600g, 양파 1/2개, 생강 1톨, 통마늘 6쪽, 청주 3큰술, 통후추 약간, 밤 6개, 대추 10개

양념장 고춧가루 4큰술, 맛간장 4큰술, 쇠무릎발효청 3큰술, 다진 마늘 2큰술, 생강즙 1작은술, 청주 3큰술, 커피 1작은술, 후춧가루 약간

만드는 법

❶ 등갈비는 물에 담가 핏물을 빼고 양파, 생강, 통마늘, 청주, 통후추를 넣고 한 시간 정도 삶은 뒤 꺼내 찬물에 헹궈 양념장에 재워 둔다.

❷ 재워 둔 등갈비를 냄비에 넣고 30분 정도 중약불에서 끓인다.

❸ 양념장이 어느 정도 배면 밤과 대추를 넣고 양념장을 끼얹어 가며 조린다.

왕고들빼기 산와거, 야생채, 고채, 압자식, 산생채

채취 시기   전초 : 봄, 뿌리 : 봄~여름

특징 및 효능   뿌리를 씹으면 '고들고들하다'고 하여 '고들빼기'라 불린다. 잎을 자르면 나오는 흰색 유즙 때문에 맛이 쓰며, 이 유즙에는 소화 기능을 활성화시키는 성분이 있어 고기를 싸 먹을 때 쌉싸래한 맛을 느끼게 한다. 주로 위장 기능을 튼튼하게 하고 불면증을 해소시키며 소변을 잘 나오게 하는 효능이 있다.

＊Tip＊   왕고들빼기발효청 건더기는 김치로 담가 먹으면 좋다.

발효청 담그기

✻ **재료** 왕고들빼기 잎(또는 순) 2kg, 설탕 1kg, 소금 2큰술, 조청(꿀 또는 올리고당) 1.5컵

✻ **만드는 법**

1. 왕고들빼기 잎을 깨끗이 씻어 물기를 제거한 후 나머지 재료를 넣고 버무려 용기에 담고 한지로 덮는다(이름과 날짜, 각종 재료의 비율을 기록한다).

2. 2~3일에 한 번씩 설탕이 완전히 녹을 때까지 잘 뒤집어 주고 30일 정도 발효시킨 후 건더기는 걸러 낸다.

3. 1차 발효된 청은 30일 이상 실온에서 2차 숙성시킨 후 냉장 보관하면서 음식의 용도에 따라 사용한다(보관 시 뚜껑은 살짝 열어 둔다).

4. 1차 발효된 건더기는 갖은 양념하여 무쳐 먹는다.

[왕고들빼기잎발효청]

왕고들빼기김치

재료(2인분) 왕고들빼기발효청 건더기 2kg, 대파 2대, 당근 1/2개, 부추 100g

양념장 멸치액젓 1컵, 다진 마늘 3큰술, 다진 생강 1큰술, 고춧가루 1컵, 왕고들빼기발효청 2큰술, 통깨 1큰술

만드는 법

❶ 왕고들빼기발효청 건더기를 뺀 나머지 재료는 깨끗이 손질하여 씻어 물기를 제거한 뒤 대파는 어슷하게 썰고, 당근은 채 썰고, 부추는 5cm 길이로 잘라 둔다.

❷ 분량대로 양념장을 만들어 손질해 둔 대파, 당근, 부추를 섞어 둔다.

❸ 준비해 둔 ❷의 양념장에 왕고들빼기발효청 건더기를 넣고 버무려 숙성시키지 않고 바로 먹는다.

괭이밥 괭이밥풀, 외풀초장초, 선시금초, 괴싱이

채취 시기   여름

특징 및 효능   고양이가 소화 불량에 걸리면 이 풀을 뜯어 먹었다 해서 괭이밥이라 불린다. 잎에는 구연산과 사과산이 함유되어 있어 생으로 먹으면 신맛이 난다. 구충제 및 지혈, 설사, 월경 주기 조절제로 활용되기도 하며, 화상과 피부병에는 잎을 찧어 발라도 효능이 있다.

✳ Tip ✳   불면증에는 솔잎과 대추, 괭이밥을 함께 달여 먹는다.

발효청 담그기

재료 괭이밥 전초 2kg, 설탕 1kg, 소금 2큰술, 조청(꿀 또는 올리고당) 1.5컵

만드는 법

1. 괭이밥 전초를 깨끗이 씻어 물기를 제거한 후 나머지 재료를 넣고 버무려 용기에 담고 한지로 덮는다(이름과 날짜, 각종 재료의 비율을 기록).

2. 2~3일에 한 번씩 설탕이 완전히 녹을 때까지 잘 뒤집어 주고 30일 정도 발효시킨 후 건더기는 걸러 낸다(발효 상태를 확인한 후 기간은 가감될 수 있다).

3. 1차 발효된 청은 30일 이상 실온에서 2차 숙성시킨 후 냉장 보관하면서 음식의 용도에 따라 사용한다(보관 시 뚜껑은 살짝 열어 둔다).

[괭이밥발효청]

괭이밥발효청낙지숙회

재료(2인분) 낙지 1마리, 실파 100g, 소금 약간, 홍고추 1개, 무순 약간

초고추장 양념 발효청고추장 1큰술, 식초 1큰술, 괭이밥발효청 1큰술, 생강즙 · 잣가루 약간씩

만드는 법

❶ 낙지와 실파는 깨끗이 씻어 끓는 물에 소금을 넣고 살짝 데친 뒤 낙지는 4~5cm 길이로 자르고 실파는 찬물에 헹군다. 홍고추는 씨를 빼고 4cm 길이로 굵게 채 썬다.

❷ 잘라 둔 낙지와 채 썬 홍고추, 무순을 데쳐 둔 실파로 돌돌 말아 그릇에 담는다.

❸ 분량대로 초고추장 양념을 만들어 같이 곁들여 낸다.

도라지 길경, 길경근, 경초, 고경, 고길경, 방도

채취 시기 순 : 봄, 꽃 : 여름, 뿌리 : 가을, 겨울

특징 및 효능 각종 요리로 애용되는 도라지는 당질, 섬유질, 칼슘, 철분 등이 풍부한 알칼리성 식품으로 뿌리에는 식이 섬유가 많아 밑반찬으로 활용하면 변비를 예방할 수 있다. 호흡기 계통 질환과 산후병, 부인병, 위산 과다, 설사에 좋으며 허리 근육 손상에도 좋다.

✻ Tip ✻ 목이 아플 때는 감초를, 심장이 약할 때는 치자를, 오한이 나거나 더위를 먹었을 때 귤껍질을 같이 넣어 끓여 마시면 좋다.

발효청 담그기

🌸 **재료** 도라지 뿌리 2kg, 설탕 1.2kg, 소금 2큰술, 조청(꿀 또는 올리고당) 1.5컵, 설탕 시럽(물 1 : 설탕 1 끓임) 1컵

🌸 **만드는 법**

1. 도라지 뿌리는 겉껍질만 살짝 벗겨질 정도로 씻은 후 물기를 제거하고 잘게 잘라 나머지 재료를 넣고 버무려 용기에 담고 한지로 덮는다 (이름과 날짜, 각종 재료의 비율을 기록).

2. 2~3일에 한 번씩 설탕이 완전히 녹을 때까지 잘 뒤집어 주고 50일 정도 발효시킨 후 건더기는 걸러 낸다(꽃 20일, 잎과 줄기 30일).

3. 1차 발효된 청은 50일 이상 실온에서 2차 숙성시킨 후 냉장 보관하면서 음식의 용도에 따라 사용한다(보관 시 뚜껑은 살짝 열어 둔다).

4. 걸러 낸 뿌리는 냉장고에 보관하면서 두고두고 용도에 따라 요리해 먹으면 좋다.

[도라지뿌리발효청과 솔잎발효청] 도라지는 솔잎과 궁합이 잘 맞아 다양하게 요리에 이용한다.

도라지잡채

재료(2인분) 당면 150g, 도라지 60g, 시금치 30g, 당근 1/4개, 식용유 · 소금 · 후춧가루 · 참기름 · 통깨 약간씩

양념 맛간장 4큰술, 도라지발효청 3큰술

만드는 법

❶ 당면은 삶아 찬물에 헹궈 물기를 뺀다. 도라지는 껍질을 벗겨 채 썰어 찬물에 담가 쓴맛을 빼고 끓는 물에 데쳐 둔다. 시금치는 깨끗이 손질하여 끓는 물에 데쳐 두고, 당근은 곱게 채 썰어 둔다.

❷ 식용유를 두른 팬에 당면을 볶다가 도라지와 양념을 넣고 볶다가 시금치와 당근을 넣고 볶아 준다. 소금, 후춧가루, 참기름, 통깨를 넣고 간을 맞춘다.

민들레 안질방이, 포공영, 황화랑, 구유초, 금장초

채취 시기 봄~가을

특징 및 효능 흰 꽃이 피는 토종 민들레는 봄철에 한 차례만 꽃이 피지만 노란 꽃이 피는 서양 민들레는 봄부터 가을까지 쉬지 않고 꽃이 핀다. 뿌리째 채취하여 그늘에 말렸다가 진하게 달여 마시면 위염이나 위궤양 등의 위장병, 만성 간염이나 지방간 등의 간질환, 변비나 만성 장염에도 상당한 효과가 있다.

✳ Tip ✳ 쓴맛이 강할 때는 우엉과 같이 조리거나 기름에 튀겨 먹으면 그 맛이 일품이다.

발효청 담그기

❀ **재료** 민들레 전초 2kg, 설탕 1kg, 소금 2큰술, 조청(꿀 또는 올리고당) 1.5컵

❀ **만드는 법**

1. 민들레 전초를 깨끗이 씻어 물기를 제거한 후 나머지 재료를 넣고 버무려 용기에 담고 한지로 덮는다(이름과 날짜, 각종 재료의 비율을 기록).

2. 2~3일에 한 번씩 설탕이 완전히 녹을 때까지 잘 뒤집어 주고 30일 정도 발효시킨 후 건더기는 걸러 낸다(발효 상태를 확인한 후 기간은 가감될 수 있다).

3. 1차 발효된 청은 30일 이상 실온에서 2차 숙성시킨 후 냉장 보관하면서 음식의 용도에 따라 사용한다(보관 시 뚜껑은 살짝 열어 둔다).

4. 걸러 낸 전초는 김치를 만들거나 다른 요리에 활용한다.

[민들레발효청]

민들레발효청우엉조림

재료(2인분) 우엉 300g, 식초 2큰술, 통깨 약간
양념 다시마물 1컵, 맛간장 4큰술, 민들레발효청 4큰술

만드는 법

❶ 우엉은 껍질을 벗긴 뒤 얇게 어슷썰기하여 끓는 물에 식초를 넣고 데친다.

❷ 데친 우엉을 냄비에 넣고 다시마물을 넣어 삶다가 맛간장과 민들레발효청을 넣고 윤기가 날 때까지 조린 후 통깨를 약간 뿌려 낸다.

소루쟁이 양제, 야대황, 독채, 우설근

채취 시기 잎 : 봄, 전초 : 가을

특징 및 효능 바람이 불 때마다 잔주름이 많은 잎에서 소리가 난다 하여, 또는 가을에 바짝 마른 열매가 바람에 소리 내며 흔들린다 하여 소리쟁이라고도 한다. 생뿌리나 생즙은 각종 무좀, 습진, 가려움증, 특히 음부 습진 및 상처가 덧나서 곪은 데, 종기나 부스럼에 좋다.

❈ Tip ❈ 초산 성분이 함유되어 있어 한꺼번에 많이 먹으면 오히려 소변이 안 나오거나 위장 장애를 일으킬 수 있으므로 주의한다.

발효청 담그기

☀ **재료** 소루쟁이 전초 2kg, 설탕 1kg, 소금 2큰술, 조청(꿀 또는 올리고당) 1.5컵

☀ **만드는 법**

1. 소루쟁이 전초를 채취해서 깨끗이 씻어 물기를 제거한 후 잘라서 나머지 재료를 넣고 버무려 용기에 담고 한지로 덮는다(이름과 날짜, 각종 재료의 비율을 기록).

2. 2~3일에 한 번씩 설탕이 완전히 녹을 때까지 잘 뒤집어 주고 30일 정도 발효시킨 후 건더기는 걸러 낸다(발효 상태를 확인한 후 기간은 가감될 수 있다).

3. 1차 발효된 청은 30일 이상 실온에서 2차 숙성시킨 후 냉장 보관하면서 음식의 용도에 따라 사용한다(보관 시 뚜껑은 살짝 열어 둔다).

[소루쟁이발효청]

소루쟁이발효청닭고기구이

재료(2인분) 닭고기 300g, 굵은 소금 약간

액젓 소스 양파 1/4개, 마늘 4쪽, 청양고추 1개, 멸치액젓 1/3컵, 소루쟁이발효청 2큰술, 소주 3큰술, 고춧가루 약간

만드는 법

① 닭고기는 두툼하게 썰어 준비한다.

② 양파는 작게 썰고, 마늘은 얇게 편 썰고, 청양고추는 송송 썰어 둔다.

③ 냄비에 액젓 소스 재료를 모두 넣고 약 5분 정도 끓인다.

④ 센 불로 달군 팬에 닭고기를 올리고 굵은 소금을 골고루 뿌려 익히다가 겉면이 익으면 중간 불로 줄인 뒤 작게 썰어 굽는다.

⑤ 준비한 액젓 소스와 닭고기를 곁들여 낸다.

소나무 솔나무, 육송, 적송, 여송

채취 시기 송화 : 4~5월 개화 시, 솔잎 : 연중

특징 및 효능 밑부분에서 굵은 가지가 갈라지는 반송, 밋밋하게 곧추 자라는 금강소나무 등 종류가 많다. 용재수로서 솔잎 화분 및 수피를 약용 또는 식용한다. 혈관 벽 강화, 중풍, 고혈압 예방에 좋다. 송화 가루를 꿀이나 조청에 반죽하여 다식판에 찍은 송화다식을 만들어 먹는다.

＊Tip＊ 솔잎주를 담글 때는 술의 양에 비해 솔잎과 솔순의 분량이 많으면 향미가 너무 강렬해서 술맛이 역하므로 잘 조절해야 한다.

발효청 담그기

✻ **재료** 솔잎 2kg, 설탕 1.2kg, 소금 2큰술, 조청(꿀 또는 올리고당) 2컵, 설탕 시럽(물 1 : 설탕 1 끓임) 1컵

✻ **만드는 법**

1. 반드시 토종 소나무의 송화가 터지기 전 솔순을 쓴다. 잎은 깨끗이 씻어 물기를 제거한 후 나머지 재료를 넣고 버무려 용기에 담고 한지로 덮는다(이름과 날짜, 각종 재료의 비율을 기록).

   Tip 이때 설탕과 함께 많이 버무려 설탕을 녹여서 담가야 발효가 잘된다.

2. 2~3일에 한 번씩 설탕이 완전히 녹을 때까지 잘 뒤집어 주고 60일 정도 발효시킨 후 건더기는 걸러 낸다(송화 20일).

3. 1차 발효된 청은 60일 이상 실온에서 2차 숙성시킨 후 냉장 보관하면서 음식의 용도에 따라 사용한다(보관 시 뚜껑은 살짝 열어 둔다).

[솔잎발효청]

솔잎발효청굴밥

재료(2인분) 콩나물 80g, 굴 1/2컵, 소금 약간, 김 1장, 불린 쌀 2컵

양념장 맛간장 2큰술, 고춧가루 1큰술, 솔잎발효청 3큰술, 다진 파·다진 마늘 1작은술씩, 참기름 1큰술, 통깨 약간

만드는 법

❶ 콩나물은 깨끗이 씻어 소쿠리에 밭쳐 두고, 굴은 소금물에 씻어 물기를 뺀다. 김은 구워서 잘게 부숴 둔다.

❷ 불린 쌀을 솥에 넣고 그 위에 콩나물을 올려 밥을 짓는다. 밥물이 끓어오르면 굴을 얹어 약한 불에서 뜸을 들인다.

❸ 분량대로 양념장을 만들어 둔다.

❹ 밥을 고루 섞어 그릇에 담고 김을 뿌린 뒤 양념장을 곁들여 낸다.

환삼덩굴 범삼덩굴, 율초, 깔깔이풀

채취 시기 여름~가을

특징 및 효능 풀 전체에 나 있는 날카로운 가시 때문에 스치기만 해도 피부에 상처가 나고 가렵고 따갑다. 열이 나면서 설사를 하고 소변이 잘 나오지 않을 때 말린 전초를 달여 마시면 좋고, 고혈압에는 말린 전초를 빻아 식전에 먹으면 혈압을 내릴 수 있다. 한 달쯤 꾸준히 복용하면 수면 작용에 효과가 있고 두통, 머리가 무거운 증상, 손발 저림, 이명 등이 완화된다.

Tip 환삼덩굴 달인 물에 목욕을 하면 가려움증이 없어진다.

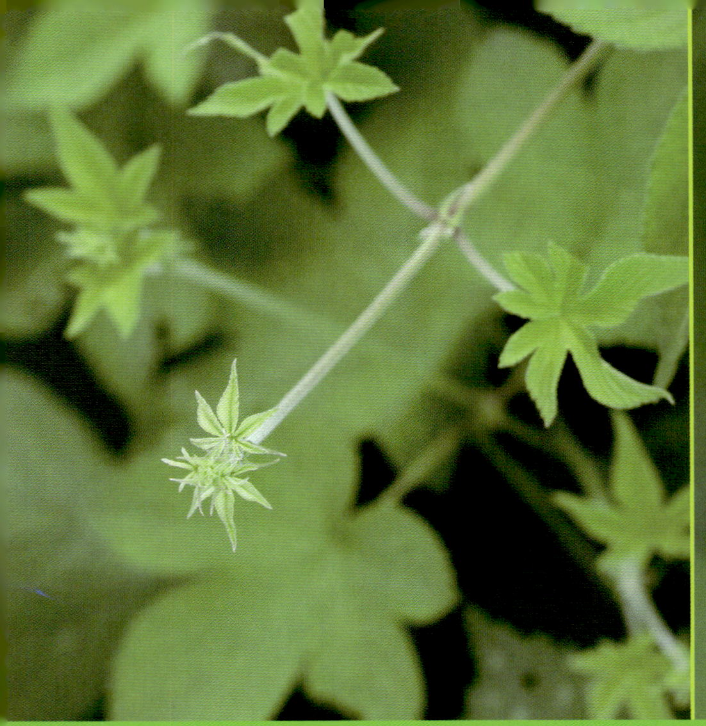

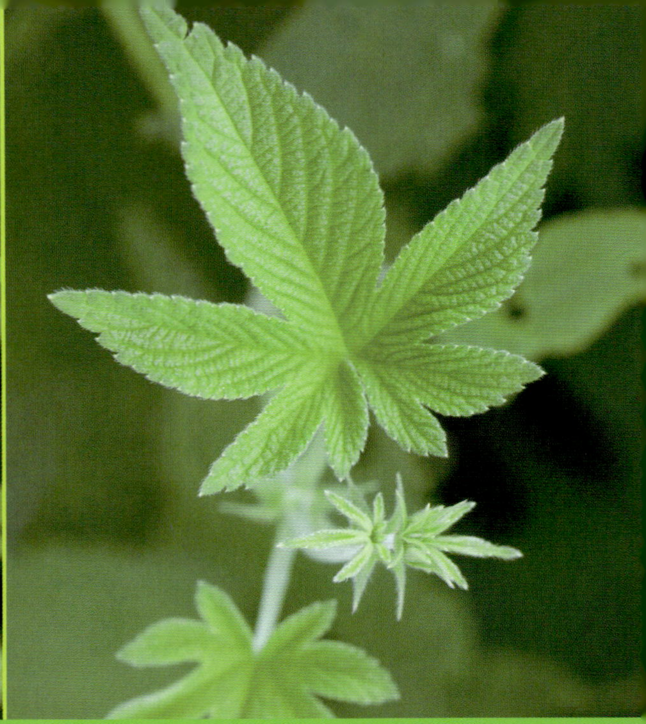

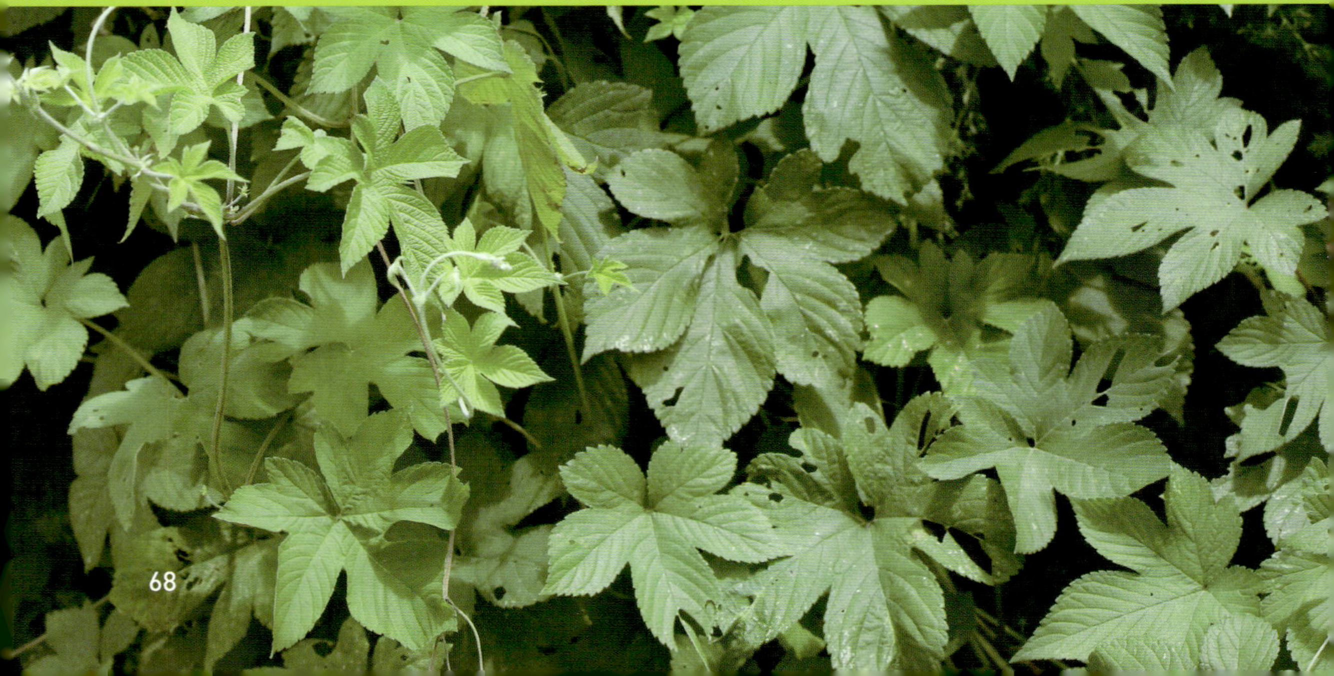

발효청 담그기

✳ **재료** 환삼덩굴 전초 2kg, 설탕 1kg, 소금 2큰술, 조청(꿀 또는 올리고당) 1.5컵

✳ **만드는 법**

1. 환삼덩굴 전초는 깨끗이 씻어 물기를 제거한 후 나머지 재료를 넣고 버무려 용기에 담고 한지로 덮는다(이름과 날짜, 각종 재료의 비율을 기록).

2. 2~3일에 한 번씩 설탕이 완전히 녹을 때까지 잘 뒤집어 주고 30일 정도 발효시킨 후 건더기는 걸러 낸다(발효 상태를 확인한 후 기간은 가감될 수 있다).

3. 1차 발효된 청은 30일 이상 실온에서 2차 숙성시킨 후 냉장 보관하면서 음식의 용도에 따라 사용한다(보관 시 뚜껑은 살짝 열어 둔다).

[환삼덩굴발효청]

환삼덩굴발효청모둠튀김

재료(2인분) 새우 2마리, 오징어 1/4마리, 당근 20g, 고구마 1/3개, 무 50g, 달걀 30g, 얼음물 1컵, 밀가루 1컵, 환삼덩굴 어린잎 4장, 식용유 적당량

튀김 소스 맛간장 1큰술, 맛술 1큰술, 환삼덩굴발효청 1큰술, 다시마물 2큰술

만드는 법

❶ 새우는 내장을 빼고 꼬리만 남기고 껍질을 벗겨 배 쪽에 칼집을 두세 번 넣고, 오징어는 껍질을 제거하고 큼직하게 자른다. 당근과 고구마는 얇게 썰어 고구마는 찬물에 담가 두고, 무는 강판에 갈아 둔다.

❷ 달걀에 얼음물을 넣어 섞은 뒤 밀가루를 넣어 젓가락으로 가볍게 반죽한다.

❸ 분량대로 섞어 튀김 소스를 만든다. 취향에 맞게 무를 갈아서 넣어도 좋다.

❹ 170℃ 식용유에 환삼덩굴 어린잎, 고구마, 당근, 오징어, 새우순으로 튀겨 준비해 둔 소스를 곁들여 낸다.

칡 뿌리 : 갈근, 꽃 : 갈화

채취 시기 봄~겨울

특징 및 효능 칡은 갈근, 갈분 등 여러 이름으로 불리듯 그 쓰임새 또한 다양하여 버릴 것이 하나 없는 최고의 산야초이다. 활짝 핀 꽃만을 채취하여 찜통에 쪄서 통풍이 잘되는 그늘에서 말렸다가 달여 마시거나 차로 마시면 열이 내리고, 가래를 삭이며 술독을 푸는 데 아주 좋다. 발암 물질 억제, 근육 경련 이완, 당뇨병, 고혈압에도 효능이 있다.

✳ Tip ✳ 칡은 살구 씨와 함께 섭취하는 것은 좋지 않으며, 몸이 냉한 사람은 피한다.

발효청 담그기

❉ **재료** 칡잎 2kg, 황설탕 1kg, 소금 2큰술, 조청(꿀 또는 올리고당) 1.5컵, 설탕 시럽(물 1 : 설탕 1 끓임) 1컵

❉ **만드는 법**

1. 칡잎은 깨끗이 씻어 물기를 제거한 후 나머지 재료를 넣고 버무려 용기에 담고 한지로 덮는다(이름과 날짜, 각종 재료의 비율을 기록).

2. 2~3일에 한 번씩 설탕이 완전히 녹을 때까지 잘 뒤집어 주고 30일 정도 발효시킨 후 건더기는 걸러 낸다(꽃 20일, 뿌리 50일).

3. 1차 발효된 청은 30일 이상 실온에서 2차 숙성시킨 후 냉장 보관하면서 음식의 용도에 따라 사용한다(보관 시 뚜껑은 살짝 열어 둔다).

4. 1차 발효된 건더기는 장아찌를 만들거나 고기 먹을 때 쌈으로도 먹는다.

[칡잎발효청과 오이주스] 칡을 오이와 같이 사용하면 효능이 두 배가 된다.

칡발효청마키아토

재료(2인분) 우유 200mL, 에스프레소 30mL

칡 소스(시럽) 칡발효청 1컵, 버터 60g, 생크림 100mL, 우유 25mL

만드는 법

❶ 냄비에 칡발효청을 끓이다가 버터를 넣는다. 다른 냄비에 생크림과 우유를 끓여서 칡발효청 끓인 냄비에 넣어 끓여 칡 소스를 만든다.

❷ 스팀기로 우유를 부드러운 거품으로 만들어 잔에 넣고 에스프레소 내린 것을 붓는다.

❸ ❷에 칡 소스를 뿌려 낸다.

쑥 약쑥, 애엽, 애호, 애봉, 황초, 구초

채취 시기 봄~여름

특징 및 효능 아무 땅에서나 '쑥쑥' 자란다 하여 쑥이란 이름이 붙었으며, 아무리 농약을 뿌려도 다시 살아날 만큼 강인한 생명력과 환경에 적응하는 탁월한 능력을 가졌다. 빈혈에 쑥 잎을 달여 마시고 치질에는 쑥 잎에 생강을 넣어 달여서 먹는다. 자궁 수축, 부인병, 위장병에 좋으며 혈액 순환, 항암, 항균, 지혈 등의 효능이 있다.

✳ Tip ✳ 봄부터 가을에 걸쳐 늘 자라지만 약성이 왕성한 5월 단오 전후에 채취하는 것이 좋다.

발효청 담그기

🌼 **재료** 쑥 전초 2kg, 설탕 1kg, 소금 2큰술, 조청(꿀 또는 올리고당) 1.5컵

🌼 **만드는 법**

1. 쑥 전초를 깨끗이 씻어 물기를 제거한 후 나머지 재료를 넣고 버무려 용기에 담고 한지로 덮는다(이름과 날짜, 각종 재료의 비율을 기록).

2. 2~3일에 한 번씩 설탕이 완전히 녹을 때까지 잘 뒤집어 주고 30일 정도 발효시킨 후 건더기는 걸러 낸다(꽃 20일).

3. 1차 발효된 청은 30일 이상 실온에서 2차 숙성시킨 후 냉장 보관하면서 음식의 용도에 따라 사용한다(보관 시 뚜껑은 살짝 열어 둔다).

4. 1차 발효된 건더기는 차를 끓일 때 이용한다.

[쑥발효청]

쑥발효청오이선

재료(2인분) 오이 1개, 소금 적당량, 표고버섯 1개, 달걀 1개

표고버섯 양념 맛간장 1작은술, 쑥발효청 1작은술, 다진 마늘 · 참기름 · 후춧가루 약간씩

단촛물 식초 1큰술, 쑥발효청 1큰술, 소금 약간

만드는 법

❶ 오이는 소금으로 씻은 다음 길이로 반을 갈라서 4cm 길이로 자르고 껍질 쪽으로 1cm 간격으로 칼집을 세 번 넣고 소금물에 절인다.

❷ 표고버섯은 곱게 채 썰어 양념하여 볶아 식히고, 달걀은 흰자와 노른자를 나누어 지단을 부쳐 2cm 길이로 채 썬다.

❸ 절인 오이를 물에 헹궈 물기를 짜서 센 불에 볶아 식힌다. 식힌 오이의 칼집 사이에 달걀지단과 표고버섯을 채워 넣고 내기 전에 단촛물을 만들어서 끼얹었다.

피마자 비마, 비마자, 아주까리

채취 시기 잎 : 여름, 열매 : 가을

특징 및 효능 대극과의 1년생 초본으로 인도가 원산지이며 고온에서 잘 자란다. 새알 모양의 타원형 씨에는 리시닌(ricinine)이라는 독성분이 함유되어 있어 주의해야 한다. 종자에서 짜낸 기름인 피마자유는 식용으로는 사용이 불가능하고 공업용 윤활유, 포마드, 도장밥 등으로 주로 쓴다. 피마자는 두드러기나 두통, 변비, 급성 위장염에 효능이 있다.

☀ Tip ☀ 잎은 데쳐서 나물로 먹거나 묵나물로 저장해 두었다가 먹기도 하며, 뿌리는 고기와 함께 삶아서 먹는다.

발효청 담그기

✿ **재료** 피마자 잎 2kg, 황설탕 1kg, 소금 2큰술, 조청(꿀 또는 올리고당) 1.5컵

✿ **만드는 법**

1. 피마자 잎은 깨끗이 씻어 물기를 제거한 후 나머지 재료를 넣고 버무려 용기에 담고 한지로 덮는다(이름과 날짜, 각종 재료의 비율을 기록).

2. 2~3일에 한 번씩 설탕이 완전히 녹을 때까지 잘 뒤집어 주고 30일 정도 발효시킨 후 건더기는 걸러 낸다(발효 상태를 확인한 후 기간은 가감될 수 있다).

3. 1차 발효된 청은 30일 이상 실온에서 2차 숙성시킨 후 냉장 보관하면서 음식의 용도에 따라 사용한다(보관 시 뚜껑은 살짝 열어 둔다).

4. 1차 발효된 건더기는 쌈, 장아찌, 김치로 이용하여 먹는다.

[**피마자잎발효청과 고사리발효청**] 피마자와 고사리는 궁합이 잘 맞아 같이 섞어 사용하면 좋다.

뽕나무 뽕, 상목, 오디나무, 상백피, 상근피

채취 시기 잎 : 봄~여름, 꽃 : 4~6월, 뿌리 : 연중

특징 및 효능 잎을 자르면 흰 액이 나오며, '오디'라 부르는 열매는 식용한다. 뽕나무 가지는 부종, 지통, 각기병에 효능이 있고, 잎은 식욕 증진, 신진 대사 촉진, 이뇨 효능이 있으며, 열매는 월경통, 변비, 장염, 만성 간염 등에 효능이 있다. 뿌리는 해열, 기침, 기관지염 등에 좋다. 여러 효능에 사용하는 만큼 식용법도 다양하다.

❋ Tip ❋ 5월 하순 이전에 채취한 뽕잎일수록 몸에 좋은 성분이 다량 함유되어 있다.

발효청 담그기

❋ **재료** 뽕잎 2kg, 설탕 1kg, 소금 2큰술, 조청(꿀 또는 올리고당) 1.5컵

❋ **만드는 법**

1. 새 잎이 나올 때부터 여름에 무성할 때까지의 뽕잎을 쓴다. 뽕잎(열매를 사용할 경우 까맣게 익었을 때 깨끗이 따서 씻지 않고 담근다)은 깨끗이 씻어 물기를 제거한 후 나머지 재료를 넣고 버무려 용기에 담고 한지로 덮는다(이름과 날짜, 각종 재료의 비율을 기록).

2. 2~3일에 한 번씩 설탕이 완전히 녹을 때까지 잘 뒤집어 주고 30일 정도 발효시킨 후 건더기는 걸러 낸다(열매 20일).

3. 1차 발효된 청은 30일 이상 실온에서 2차 숙성시킨 후 냉장 보관하면서 음식의 용도에 따라 사용한다(보관 시 뚜껑은 살짝 열어 둔다).

4. 1차 발효된 건더기는 장아찌를 만들거나 갖은 양념하여 무쳐 먹는다.

[**뽕잎발효청과 오디발효청**] 뽕잎발효청과 오디발효청은 색과 맛이 달라 용도에 따라 달리 사용한다.

뽕잎발효청김무침

재료(2인분) 김 10장, 실파 3줄, 홍고추 1개, 통깨 · 참기름 약간씩

양념장 맛간장 3큰술, 뽕잎발효청 4큰술, 청주 1큰술, 물 1큰술

만드는 법

❶ 김은 마른 팬에 앞뒤로 구워 부숴 준다. 실파는 송송 썰고, 홍고추는 둥글게 썰어 둔다.

❷ 분량의 양념장 재료를 바글바글 끓여 식힌다.

❸ 식혀 둔 양념장에 김, 실파, 홍고추, 통깨, 참기름을 넣고 무친다.

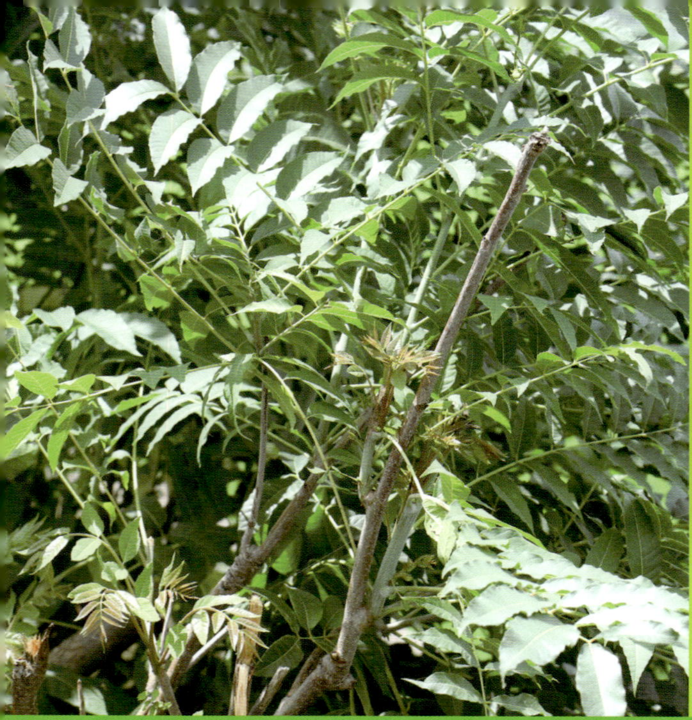

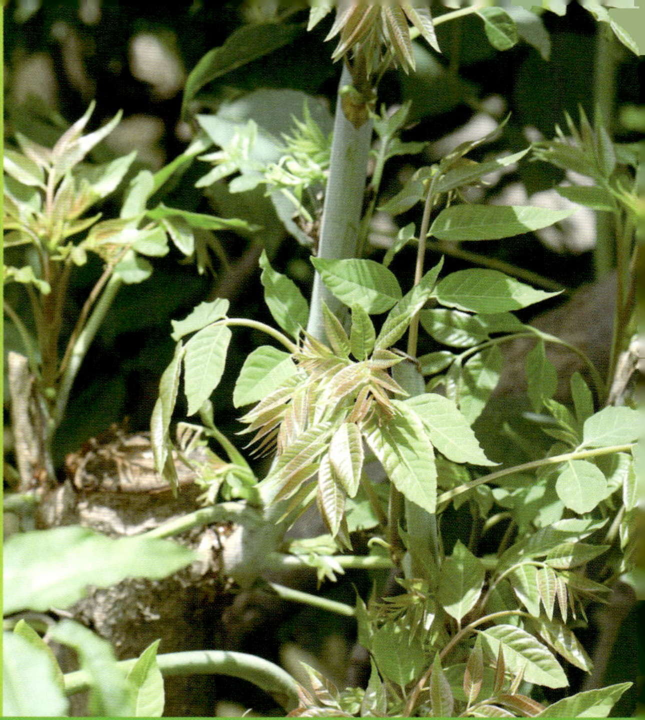

참죽나무 참중나무, 향춘

특징 및 효능 대나무순처럼 어린잎을 따 먹는다 하여 '죽나무'라고 부르기도 한다. 연한 새순은 무침도 하고 전을 부쳐 먹기도 한다. 참죽나물밥이나 자반을 만들어 먹거나 데쳐 말렸다가 묵나물로도 먹는다. 잎에는 카로틴(carotene) 및 비타민 B와 C가 함유되어 있다. 살충, 구충 작용을 하고 이질, 치질, 혈변, 위궤양 등에 효능이 있다.

✽ Tip ✽ 밑부분에 두 개 정도의 무딘 톱날이 있고 누린내가 나는 소태나뭇과의 가죽나무와 비슷하여 구별하기 힘들므로 주의한다.

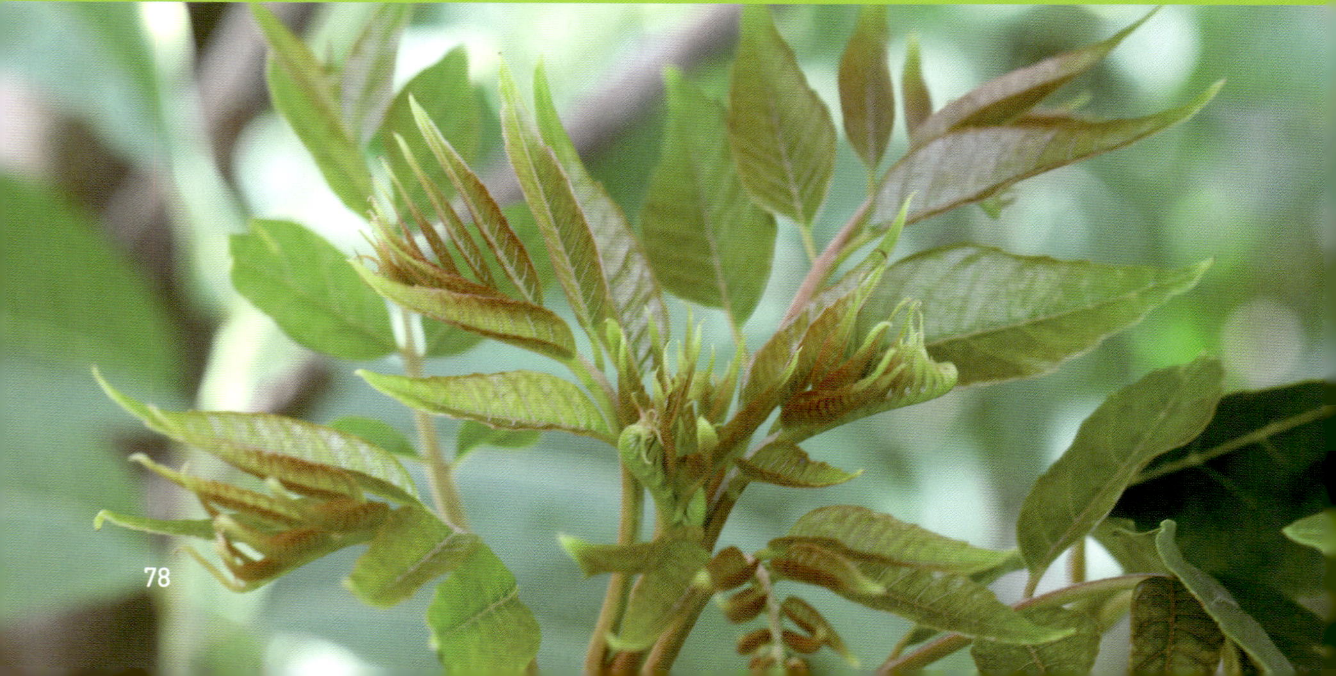

발효청 담그기

❋ **재료** 참죽나무 잎 2kg, 설탕 1kg, 소금 2큰술, 조청(꿀 또는 올리고당) 1.5컵

❋ **만드는 법**

1. 참죽나무 잎은 깨끗이 씻어 물기를 제거한 후 나머지 재료를 넣고 버무려 용기에 담고 한지로 덮는다(이름과 날짜, 각종 재료의 비율을 기록).

2. 2~3일에 한 번씩 설탕이 완전히 녹을 때까지 잘 뒤집어 주고 30일 정도 발효시킨 후 건더기는 걸러 낸다(발효 상태를 확인한 후 기간은 가감될 수 있다).

3. 1차 발효된 청은 30일 이상 실온에서 2차 숙성시킨 후 냉장 보관하면서 음식의 용도에 따라 사용한다(보관 시 뚜껑은 살짝 열어 둔다).

4. 1차 발효된 건더기는 장아찌를 만들거나 갖은 양념하여 무쳐 먹는다.

[참죽나무잎발효청]

참죽나무발효청김치볶음밥

재료(2인분) 김치 200g, 양파 1/2개, 당근 1/4개, 베이컨 3장, 식용유 적당량, 밥 2공기, 참죽나무발효청 1큰술, 참기름 · 소금 · 후춧가루 약간씩

만드는 법

❶ 김치는 속을 좀 털어 내고 송송 썰고, 양파와 당근, 베이컨은 잘게 썰어 준비한다.

❷ 팬에 식용유를 두르고 김치, 양파, 당근, 베이컨을 차례로 볶다가 김치가 부드러워지면 밥을 넣고 볶는다.

❸ 어느 정도 볶아지면 참죽나무발효청과 참기름, 소금, 후춧가루로 마지막 간을 한다.

좀깻잎나무 새끼거북꼬리, 신진, 점거북꼬리

채취 시기 순 : 봄, 꽃 : 7~8월

특징 및 효능 시내 근처와 돌담, 숲 가장자리에 흔히 군생하며, 나무껍질은 섬유용으로 사용하고, 뿌리는 깨끗이 씻어 달여 차로 마신다. 청열, 지혈, 해독, 치질, 타박상 등에 효능이 있다.

✳ Tip ✳ 좀깻잎나무, 개모시풀, 거북꼬리, 왕모시풀은 모두 쐐기풀과로 서로 모양이 비슷하여 구별하기가 어렵지만 조금씩 각기 다른 모양을 가지고 있다.

발효청 담그기

※ **재료** 좀깻잎나무 잎 2kg, 설탕 1kg, 소금 2큰술, 조청(꿀 또는 올리고당) 1.5컵

※ **만드는 법**

1. 좀깻잎나무 잎은 깨끗이 씻어 물기를 제거한 후 나머지 재료를 넣고 버무려 용기에 담고 한지로 덮는다(이름과 날짜, 각종 재료의 비율을 기록).

2. 2~3일에 한 번씩 설탕이 완전히 녹을 때까지 잘 뒤집어 주고 30일 정도 발효시킨 후 건더기는 걸러 낸다(꽃 20일).

3. 1차 발효된 청은 30일 이상 실온에서 2차 숙성시킨 후 냉장 보관하면서 음식의 용도에 따라 사용한다(보관 시 뚜껑은 살짝 열어 둔다).

[좀깻잎나무잎발효청]

좀깻잎나무발효청콩샐러드

재료(2인분) 강낭콩 1/2컵, 소금 약간, 방울토마토 5개, 양파 1/4개, 피망 1/2개, 캔 완두콩 3큰술, 콘옥수수 3큰술

드레싱 맛간장 2큰술, 올리브오일 1큰술, 좀깻잎나무발효청 2큰술, 레몬즙 1큰술, 소금 · 후춧가루 약간씩

만드는 법

❶ 강낭콩은 불려 소금을 넣고 무르게 삶는다. 방울토마토는 4등분하고, 양파와 피망은 1cm 길이로 썰어 둔다.

❷ 캔 완두콩과 콘옥수수는 살짝 데쳐 둔다.

❸ 분량대로 드레싱을 만들어 차게 둔다.

❹ 모든 재료를 그릇에 담고 드레싱을 섞어 담아 낸다.

명아주 학항초, 여, 낙려, 회려, 지연채, 능쟁이

채취 시기 봄~여름

특징 및 효능 "명아주로 만든 지팡이를 짚고 다니면 중풍에 걸리지 않는다."라는 말이 있듯이 중풍 환자와 신경통에 좋다고 한다. 천식에는 명아주 풀 전체와 뿌리도 같이 말려 물에 달여 마시면 좋다. 고혈압, 일사병, 피부병에도 효능이 있다. 잎과 줄기를 채취하여 그늘에 말려 달여서 차로 마시거나 입을 헹구면 치통에 효과가 있다.

✳ Tip ✳ 고사리와 명아주 순을 함께 끓여 설탕을 타서 마시면 설사나 복통에 좋다. 발효청을 차로 마셔도 좋다.

발효청 담그기

✿ **재료** 명아주 전초 2kg, 설탕 1kg, 소금 2큰술, 조청(꿀 또는 올리고당) 1.5컵

✿ **만드는 법**

1. 명아주 전초를 채취해 깨끗이 씻어 물기를 제거한 후 나머지 재료를 넣고 버무려 용기에 담고 한지로 덮는다(이름과 날짜, 각종 재료의 비율을 기록).

2. 2~3일에 한 번씩 설탕이 완전히 녹을 때까지 잘 뒤집어 주고 30일 정도 발효시킨 후 건더기는 걸러 낸다(발효 상태를 확인한 후 기간은 가감될 수 있다).

3. 1차 발효된 청은 30일 이상 실온에서 2차 숙성시킨 후 냉장 보관하면서 음식의 용도에 따라 사용한다(보관 시 뚜껑은 살짝 열어 둔다).

[명아주발효청]

명아주발효청전골

재료(2인분) 두부 100g, 배춧잎 3장, 대파 1/2대, 미나리 50g, 쑥갓 50g, 청경채 50g, 양파 1/2개, 느타리버섯 50g, 식용유 적당량, 쇠고기 불고기감 200g, 불린 당면 1줌, 달걀노른자 4개

전골 소스 청주 1/2컵, 맛간장 1컵, 가다랑어 우린 물 2컵, 명아주발효청 4큰술

만드는 법

❶ 두부는 먹기 좋게 잘라 앞뒤로 노릇하게 굽고, 배춧잎은 끓는 물에 데쳐 둔다. 대파는 어슷하게 썰고, 미나리는 5cm 길이로 자른다. 쑥갓은 2등분하고, 청경채는 4등분한다. 양파는 얇게 채 썰고, 느타리버섯은 가닥가닥 찢어 준비한다.

❷ 청주를 끓여 알코올을 날린 뒤 나머지 소스 재료를 넣고 끓여서 전골 소스를 만든다.

❸ 식용유를 두른 냄비에 단단한 재료 순서로 넣고 익히다가 전골 소스를 부어 익혀서 달걀노른자를 풀어 찍어 먹으면 된다.

돼지감자 뚱딴지, 뚝감자, 우내, 국우

채취 시기　잎 : 봄, 뿌리 : 가을

특징 및 효능　꽃과 잎이 감자같이 생기지 않았는데 감자를 닮은 뿌리가 달렸다. 감자 맛이 나는 뿌리가 사람이 먹기엔 맛이 없어 돼지에게 먹였다 해서 돼지감자라는 이름이 붙었다. 인슐린(insulin) 성분이 풍부한 돼지감자는 당뇨병 치료 목적으로 생식하고 변비에도 좋다. 각종 필수 아미노산과 식이 섬유가 매우 풍부하므로 다이어트 식품의 재료로 사용한다.

＊Tip＊　즙을 내어 식전이나 식후에 언제 먹어도 무방하다.

발효청 담그기

❋ **재료** 돼지감자 잎 2kg, 설탕 1kg, 소금 2큰술, 조청(꿀 또는 올리고당) 1.5컵

❋ **만드는 법**

1. 돼지감자 잎은 깨끗이 씻어 물기를 제거한 후 나머지 재료를 넣고 버무려 용기에 담고 한지로 덮는다(이름과 날짜, 각종 재료의 비율을 기록).

2. 2~3일에 한 번씩 설탕이 완전히 녹을 때까지 잘 뒤집어 주고 30일 정도 발효시킨 후 건더기는 걸러 낸다(뿌리 50일).

3. 1차 발효된 청은 30일 이상 실온에서 2차 숙성시킨 후 냉장 보관하면서 음식의 용도에 따라 사용한다(보관 시 뚜껑은 살짝 열어 둔다).

4. 1차 발효된 건더기는 장아찌를 만들거나 갖은 양념하여 무쳐 먹는다.

[돼지감자잎발효청]

돼지감자발효청조림

재료(2인분) 돼지감자 300g, 식용유 약간

양념 맛간장 4큰술, 돼지감자발효청 5큰술, 청주 2큰술

만드는 법

❶ 돼지감자는 먹기 좋은 크기로 골라 깨끗이 씻어 물기를 밭쳐 둔다.

❷ 냄비에 식용유를 두르고 돼지감자를 살짝 볶다가 분량의 양념을 넣고 조린다.

조릿대 산대, 신우대, 담죽엽, 지죽, 임하죽, 토맥동

채취 시기 연중

특징 및 효능 옛날에 조상들이 쌀을 일거나 물을 뺄 때 사용한 조리를 만들 때 사용했던 대나무라 하여 조릿대라 부른다. 잎과 줄기, 뿌리를 잘게 썰어 바람이 잘 통하는 그늘에 바짝 말렸다가 달이거나 차로 끓여 오래 마시면 허약한 체질이 건강한 체질로 변하고, 불면증이나 심신이 불안한 경우 많은 도움이 된다.

✳ Tip ✳ 조릿대는 성질이 차므로 몸이 찬 사람이나 혈압이 낮은 사람에게 좋지 않다.

발효청 담그기

❋ **재료** 조릿대 잎 2kg, 설탕 1.2kg, 소금 2큰술, 조청(꿀 또는 올리고당) 1.5컵, 설탕 시럽
(물 1 : 설탕 1 끓임) 1컵

❋ **만드는 법**

1. 조릿대 잎을 깨끗이 씻어 물기를 제거하고 잘게 자른 후 나머지 재료를 섞어서 용기에 담고 조릿대가 잠기도록 돌로 누른 후 한지로 덮는다(이름과 날짜, 각종 재료의 비율을 기록).

2. 2~3일에 한 번씩 설탕이 완전히 녹을 때까지 잘 뒤집어 주고 40일 정도 발효시킨 후 건더기는 걸러 낸다.

3. 1차 발효된 청은 40일 이상 실온에서 2차 숙성시킨 후 냉장 보관하면서 음식의 용도에 따라 사용한다(보관 시 뚜껑은 살짝 열어 둔다).

4. 1차 발효된 건더기는 차로 끓이거나 다른 요리(삼계탕 등)에 활용한다.

[조릿대잎발효청]

조릿대발효청치즈떡볶이

재료(2인분) 떡볶이 떡 200g, 양파 1/4개, 멸치육수 1컵, 모차렐라치즈 1/2컵

양념 발효청고추장 1큰술, 고운 고춧가루 1큰술, 조릿대발효청 4큰술

만드는 법

❶ 떡이 딱딱한 것은 더운물에 불리고, 양파는 채 썰어 둔다.

❷ 냄비에 멸치육수와 양념 재료를 넣어 끓이다가 양념 맛이 나면 떡을 넣고 끓이다가 양파를 넣어 끓인다.

❸ 다 된 떡볶이를 그릇에 담아 모차렐라치즈를 올려 200℃의 오븐에서 6~8분간 색이 나게 구워 낸다.

탱자나무 지실, 지각, 구귤, 구귤나무

채취 시기   잎 : 봄, 열매 : 가을

특징 및 효능   탱자나무의 열매를 '탱자'라고 한다. 향기가 좋아 먹고 싶지만 날것으로 먹기 어렵다. 가슴이 답답하고 뻐근하며 옆구리가 결리면서 통증이 있을 때 효능이 있다. 잘 익은 열매를 납작하게 썬 다음 채반에 바짝 말렸다가 물을 붓고 끓여 겨울에는 따뜻하게, 여름에는 시원하게 마시면 건강차로 좋다.

✱ **Tip** ✱   탱자나무는 줄기에 강한 가시가 나 있어 방어용이나 울타리용으로 사용할 수 있다.

발효청 담그기

❀ **재료** 탱자나무 열매 2kg, 설탕 1.2kg, 소금 2큰술, 조청(꿀 또는 올리고당) 1.5컵

❀ **만드는 법**

1. 탱자나무 열매를 깨끗이 씻어 물기를 제거한 후 납작하게 썰어 나머지 재료를 넣고 버무려 용기에 담고 한지로 덮는다(이름과 날짜, 각종 재료의 비율을 기록).

2. 2~3일에 한 번씩 설탕이 완전히 녹을 때까지 잘 뒤집어 주고 30일 정도 발효시킨 후 건더기는 걸러 낸다(발효 상태를 확인한 후 기간은 가감될 수 있다).

3. 1차 발효된 청은 30일 이상 실온에서 2차 숙성시킨 후 냉장 보관하면서 음식의 용도에 따라 사용한다(보관 시 뚜껑은 살짝 열어 둔다).

[탱자발효청]

탱자발효청파스타

재료(2인분) 새우 8마리, 청경채 2포기, 청양고추 1개, 홍고추 2개, 마늘 5쪽, 파스타 150g, 소금 · 식용유 · 후춧가루 약간씩

양념 굴소스 2큰술, 청주 2큰술, 탱자발효청 1큰술

만드는 법

❶ 새우는 깨끗이 손질하여 준비하고, 청경채는 먹기 좋은 크기로 자른다. 청양고추와 홍고추는 어슷하게 썰고, 마늘은 저며 썬다.

❷ 파스타는 끓는 물에 소금을 넣고 8~10분가량 삶는다.

❸ 팬에 식용유를 두르고 고추와 마늘을 볶아 향이 나면 새우를 넣고 볶는다. 삶은 파스타와 양념을 넣고 센 불로 볶다가 청경채를 넣고 볶아 후춧가루를 넣어 마무리한다.

으름덩굴 통초

채취 시기 잎 : 수시, 꽃 : 5월, 열매와 줄기 : 가을

특징 및 효능 덩굴이 막힌 곳을 잘 통하게 한다 하여 '목통'이라고도 하고, 열매인 으름이 다 익으면 모양이 바나나를 빼닮았다 하여 '한국 바나나'라고도 한다. 지방질이 풍부하여 혈압을 낮추고 염증을 제거하며 온갖 나쁜 균을 없앤다 하여 약용으로 활용되고 있다. 가을에 채취한 뿌리는 햇볕에 말려 두었다가 끓인 물을 음용하면 이뇨와 혈액 순환에 좋다.

✱ Tip ✱ 작은 바나나처럼 생긴 열매의 흰 속살은 단맛이 나며, 입에 넣으면 아이스크림처럼 살살 녹는다.

발효청 담그기

재료 으름덩굴 잎 2kg, 설탕 1.2kg, 소금 2큰술, 조청(꿀 또는 올리고당) 1.5컵, 설탕 시럽(물 1 : 설탕 1 끓임) 1컵

만드는 법

1. 잎이 무성할 때의 으름덩굴 잎(열매를 사용할 경우에는 푸른 열매는 잘라서, 익어서 벌어진 열매는 씻지 않고 그냥 사용한다)을 깨끗이 씻어 물기를 제거한 후 나머지 재료를 넣고 버무려 용기에 담고 한지로 덮는다(이름과 날짜, 각종 재료의 비율을 기록).

2. 2~3일에 한 번씩 설탕이 완전히 녹을 때까지 뒤집어 주고 30일 정도 발효시킨 후 건더기는 걸러 낸다(푸른 열매 30일, 익은 열매 20일).

3. 1차 발효된 청은 30일 이상 실온에서 2차 숙성시킨 후 냉장 보관하면서 음식의 용도에 따라 사용한다(보관 시 뚜껑은 살짝 열어 둔다).

4. 1차 발효된 잎은 맛간장, 된장, 발효청고추장에 박아 1개월 후 장아찌로 먹는다.

[으름덩굴잎발효청]

으름덩굴발효청토마토스파게티

재료(2인분) 스파게티 면 200g, 올리브오일 3큰술, 소금 약간

양념 토마토 2개, 양파 1/2개, 샐러리 1/2대, 다진 마늘 1/2큰술, 토마토 페이스트 2큰술, 월계수 잎 2장, 으름덩굴발효청 2큰술, 육수 1/2컵, 소금·후춧가루 약간씩

만드는 법

❶ 토마토는 끓는 물에 데쳐 껍질을 벗기고 씨를 제거한 뒤 굵게 다진다. 양파와 샐러리도 굵게 다져 둔다.

❷ 팬에 올리브오일을 두르고 양파와 다진 마늘을 볶다가 샐러리, 토마토를 넣고 볶는다. 적당히 볶아졌으면 나머지 양념 재료를 모두 넣고 끓여서 양념을 만든다.

❸ 끓는 물에 소금과 올리브오일을 넣고 스파게티 면을 10분간 삶아 물기를 제거한 뒤 그릇에 담아 양념을 올려 완성한다.

제피나무 초피나무, 조피나무, 천초, 촉초

채취 시기 잎(새순) : 봄, 열매 : 가을

특징 및 효능 잎에서 제피나무 특유의 향기가 난다. 맛이 강한 열매는 '초'라고 하며 향신료로 사용하고, 생김새가 비슷한 산초나무와 혼동하기 쉽다. 뿌리, 잎, 종자를 약재, 향신료로 사용한다. 식욕 증진, 부종, 치통, 버짐 등에 효능이 있다.

❋ Tip ❋ 제피나무는 가시가 줄기에서 곧바로 마주나는 반면 산초나무는 가시가 압정 모양의 혹 위에 어긋난다. 또한 제피나무 잎은 물결 모양 톱니가 있어 가장자리가 거칠어 보이는 데 반해 산초나무 잎은 자잘한 톱니가 눈에 잘 띄지 않는다.

발효청 담그기

※ **재료** 제피나무 잎과 열매 2kg, 설탕 1.2kg, 소금 2큰술, 조청(꿀 또는 올리고당) 1.5컵, 설탕 시럽(물 1 : 설탕 1 끓임) 4컵

※ **만드는 법**

1. 가을에 열매가 익어 갈 때 제피나무 열매와 잎을 따서 깨끗이 씻어 물기를 제거한 후 나머지 재료를 넣고 버무려 용기에 담고 한지로 덮는다(이름과 날짜, 각종 재료의 비율을 기록).

2. 2~3일에 한 번씩 설탕이 완전히 녹을 때까지 잘 뒤집어 주고 40일 정도 발효시킨 후 건더기는 걸러 낸다(발효 상태를 확인한 후 기간은 가감될 수 있다).

3. 1차 발효된 청은 40일 이상 실온에서 2차 숙성시킨 후 냉장 보관하면서 음식의 용도에 따라 사용한다(보관 시 뚜껑은 살짝 열어 둔다).

4. 1차 발효된 건더기는 장아찌를 만들거나 갖은 양념하여 무쳐 먹는다.

[제피나무발효청]

제피나무발효청제육보쌈

재료(2인분) 돼지고기 400g, 대파 1대, 소주 5큰술, 된장 1큰술, 통후추 10개, 통마늘 5쪽, 생강 1톨, 연한 제피나무 잎 20g, 무 100g, 배춧잎 5장, 굵은 소금 1컵

무 양념 고춧가루 4큰술, 까나리액젓 2큰술, 배즙 2큰술, 제피나무발효청 4큰술, 통깨 약간

만드는 법

❶ 돼지고기는 대파, 소주, 된장, 통후추, 통마늘, 생강을 넣고 한 시간 정도 충분히 삶는다. 제피나무 잎은 깨끗이 씻어 물기를 제거해 둔다.

❷ 무는 채 썰어서 배춧잎과 소금에 절인다. 무를 먼저 건져 잘 헹궈 물기를 꼭 짜고 고춧가루로 물을 들인 뒤 나머지 무 양념 재료와 제피나무 잎을 같이 넣고 가볍게 버무려 둔다. 배춧잎도 건져 잘 헹궈서 물기를 꼭 짠다.

❸ 삶은 돼지고기를 썰어 접시에 담고 절인 배춧잎과 무김치를 곁들여 낸다.

산초나무 진초, 분디나무

채취 시기　잎 : 여름, 열매 : 가을~겨울

특징 및 효능　일본에서 제피를 산초로 부르면서 구분 없이 통합해 부르기도 하지만 동의보감에 따르면 엄연히 제피와 산초를 구분하고 있다. 기침에 열매를 달여 식기 전에 복용한다. 약술을 좋아한다면 꽃, 열매, 잔가지, 새순, 껍질을 소주에 주침하여 숙성시켜 먹으면 식욕이 증진하고 소화가 촉진되며 불면, 위장 질환, 해열, 저혈압 등에 좋다.

✳ Tip ✳　산초나무 잎을 깔고 그 위에 고기를 구우면 고기의 누린내와 잡냄새가 제거되고 맛도 좋다.

발효청 담그기

❋ **재료** 산초나무 잎과 열매 2kg, 흑설탕 1.2kg, 소금 2큰술, 조청(꿀 또는 올리고당) 1.5컵,
설탕 시럽(물 1 : 설탕 1 끓임) 1컵

❋ **만드는 법**

1. 산초나무 잎과 열매를 채취하여 깨끗이 씻어 물기를 제거한 후 나머지 재료를 넣고 버무려 용기에 담고 한지로 덮는다(이름과 날짜, 각종 재료의 비율을 기록).

2. 2~3일에 한 번씩 설탕이 완전히 녹을 때까지 잘 뒤집어 주고 40일 정도 발효시킨 후 건더기는 걸러 낸다(발효 상태를 확인한 후 기간은 가감될 수 있다).

3. 1차 발효된 청은 40일 이상 실온에서 2차 숙성시킨 후 냉장 보관하면서 음식의 용도에 따라 사용한다(보관 시 뚜껑은 살짝 열어 둔다).

4. 1차 발효된 건더기는 장아찌를 만들거나 갖은 양념하여 무쳐 먹는다.

[산초나무발효청]

산초나무발효청열무김치

재료(2인분) 열무 1단, 굵은 소금 1컵, 고춧가루 1/2컵
양념 생감자 1개, 산초나무발효청 1컵, 배 1/2개, 양파 1/2개, 마늘 6쪽, 생강 1톨, 홍고추 4개, 액젓 1/2컵
만드는 법

❶ 열무는 손질하여 깨끗이 씻어 5cm 길이로 잘라 굵은 소금에 한 시간 정도 절인다.

❷ 양념 재료를 믹서에 넣어 갈고 고춧가루를 넣어 양념을 만든다.

❸ 절인 열무에 양념을 넣고 풋내가 나지 않게 고루 살살 버무려 항아리에 담아 숙성시킨 후 먹는다.

까마중 가마중, 까마종이, 깜두라지, 강태, 먹딸기, 용규

채취 시기 여름

특징 및 효능 까만색의 조그만 열매가 마치 스님의 머리를 닮았다 하여 '까마중'이라는 이름이 붙었다. 깨끗이 건조하여 끓는 물에 넣어 약한 불로 끓여 약차를 만들어 물 대신 마시면 침침한 눈이 밝아지고 정력과 피로에 좋으며, 비만과 암도 예방된다. 풍치로 이가 시리고 아픈 경우엔 뿌리를 달인 물로 입안을 가글하면 좋다.

❋ Tip ❋ 덜 익은 열매는 독성이 강하므로 주의한다.

발효청 담그기

❋ **재료** 까마중 꽃과 잎 2kg, 설탕 1kg, 소금 2큰술, 조청(꿀 또는 올리고당) 1.5컵

❋ **만드는 법**

1. 까마중 꽃과 잎을 함께 잘라서 깨끗이 씻어 물기를 제거한 후 나머지 재료를 넣고 버무려 용기에 담고 한지로 덮는다(이름과 날짜, 각종 재료의 비율을 기록).

2. 2~3일에 한 번씩 설탕이 완전히 녹을 때까지 잘 뒤집어 주고 30일 정도 발효시킨 후 건더기는 걸러 낸다(발효 상태를 확인한 후 기간은 가감될 수 있다).

3. 발효된 청은 30일 이상 실온에서 2차 숙성시킨 후 냉장 보관하면서 음식의 용도에 따라 사용한다(보관 시 뚜껑은 살짝 열어 둔다).

[까마중발효청]

까마중발효청설기

재료(2인분) 멥쌀가루 2컵, 까마중발효청 2큰술, 까마중열매발효청 건더기 4큰술

만드는 법

❶ 멥쌀가루에 까마중발효청을 넣고 손으로 비벼 체에 내린 다음 까마중열매발효청 건더기를 섞어 찜기에 편편하게 넣는다.

❷ 김이 오른 찜통에 찜기를 올려 20분간 찐 후 약한 불에서 5분간 뜸 들여 찐다.

방아 배초향, 야박하

채취 시기 봄~여름

특징 및 효능 경상도에서는 방아잎, 방앳잎으로 불리고 전라도에서는 깨나물, 중개잎으로 불린다. 한방에서는 곽향, 인단초라는 이름을 갖고 있는 향신 식물이다. 입안 구취에는 전초를 달인 물로 양치질을 하고 소화 불량, 설사, 식욕 부진에는 전초를 달여서 먹는다. 감기, 두통, 구토에도 효능이 있다.

☀ **Tip** ☀ 방아발효청은 단맛을 내는 데 사용하고, 발효청 건더기는 양념하여 요리하면 발효 음식이 된다.

발효청 담그기

❋ **재료** 방아 전초 2kg, 황설탕 1kg, 소금 2큰술, 조청(꿀 또는 올리고당) 1.5컵

❋ **만드는 법**

1. 방아 전초는 줄기째 깨끗이 씻어 물기를 빼고 작게 잘라 나머지 재료를 넣고 버무려 용기에 담고 한지로 덮는다(이름과 날짜, 각종 재료의 비율을 기록).

2. 2~3일에 한 번씩 설탕이 완전히 녹을 때까지 잘 뒤집어 주고 20일 정도 발효시킨 후 건더기는 걸러 낸다(발효 상태를 확인한 후 기간은 가감될 수 있다).

3. 1차 발효된 청은 20일 이상 실온에서 2차 숙성시킨 후 냉장 보관하면서 음식의 용도에 따라 사용한다(보관 시 뚜껑은 살짝 열어 둔다).

4. 1차 발효된 건더기는 장아찌를 만들거나 갖은 양념하여 무쳐 먹는다.

[방아발효청]

방아장떡

재료(2인분) 방아 50g, 고추 1개, 된장 1큰술, 발효청고추장 3큰술, 밀가루 1컵, 물 1/2컵, 식용유 약간

양념 방아발효청 4큰술, 맛간장 2큰술, 식초 2큰술, 참기름 1작은술

만드는 법

❶ 방아를 깨끗이 손질하여 적당한 크기로 자르고, 고추는 어슷하게 썰어 둔다.

❷ 된장, 발효청고추장, 밀가루, 물을 넣고 반죽한 뒤 준비해 둔 방아와 고추, 양념 재료를 넣어 고루 섞는다.

❸ 달군 팬에 식용유를 두르고 ❷에서 반죽한 것을 한 수저씩 떠 놓고 앞뒤로 노릇하게 지진다.

깻잎

채취 시기   여름

특징 및 효능   넓게는 들깻잎과 참깻잎의 잎사귀를 모두 지칭하지만 그 가운데서도 특히 들깨의 잎사귀를 식품으로 일컫는 말로 사용된다. 들깨는 기름을 짜내기 위하여 재배하는 작물인데, 생육하는 동안에 잎을 수확하여 식용으로 하는 것이 바로 깻잎이다. 항암 효과가 있고 위암, 빈혈, 골다공증, 변비를 예방하는 효능이 있다.

✳ Tip ✳ 깻잎주를 담가 먹기도 한다.

발효청 담그기

🌸 **재료** 깻잎 2kg, 설탕 1kg, 소금 2큰술, 조청(꿀 또는 올리고당) 1.5컵

🌸 **만드는 법**

1. 깻잎을 깨끗이 씻어 물기를 완전히 제거하고 켜켜로 놓은 뒤 나머지 재료를 넣고 버무려 용기에 담고 한지로 덮는다(이름과 날짜, 각종 재료의 비율을 기록).

2. 2~3일에 한 번씩 설탕이 완전히 녹을 때까지 잘 뒤집어 주고 20일 정도 발효시킨 후 건더기는 걸러 낸다(발효 상태를 확인한 후 기간은 가감될 수 있다).

3. 1차 발효된 청은 20일 이상 실온에서 2차 숙성시킨 후 냉장 보관하면서 음식의 용도에 따라 사용한다(보관 시 뚜껑은 살짝 열어 둔다).

4. 1차 발효된 건더기는 장아찌를 만들거나 갖은 양념하여 무쳐 먹는다.

[깻잎발효청]

깻잎발효청불고기

재료(2인분) 쇠고기 불고기감 300g, 표고버섯 3장, 양파 1/2개, 당근 1/4개, 대파 1/2대, 깻잎 5장

양념 맛간장 3큰술, 깻잎발효청 2큰술, 다진 마늘 1큰술, 참기름 · 후춧가루 약간씩

만드는 법

1. 쇠고기는 핏물을 닦고 한입 크기로 자른다. 표고버섯, 양파, 당근은 채 썰고, 대파는 어슷하게 썬다. 깻잎도 한입 크기로 자른다.

2. 쇠고기와 표고버섯에 분량의 양념 재료를 넣고 재운다.

3. 달군 팬에 재운 쇠고기와 표고버섯을 볶다가 채 썬 양파와 당근을 넣고 볶는다. 마지막에 대파와 깻잎을 넣고 볶아 마무리한다.

고사리 궐채, 궐근, 궐기근, 고사리근

채취 시기 잎(어린순) : 봄, 뿌리 : 가을

특징 및 효능 고사리에는 발암 물질을 비롯하여 다른 성분도 함유되어 있어 장기간 즐겨 먹다 보면 정력이 감퇴되고 시력이 감소하며 탈모증 및 각기병을 일으킬 수 있으므로 비정기적으로 조금씩 섭취하는 것이 좋다. 달여 마시면 황달, 이뇨, 종기, 지혈에 효능이 있다.

＊ Tip ＊ 고사리에는 소량의 독성이 있어 생으로 먹지 않고 물에 담가 여러 차례 우려내거나 삶아서 그늘에서 말린 것을 먹는다.

발효청 담그기

 고사리 순 2kg, 황설탕 1kg, 소금 2큰술, 조청(꿀 또는 올리고당) 1.5컵

만드는 법

1. 고사리 순은 물에 담가 여러 차례 우려내어 물기를 제거한 후 나머지 재료를 넣고 버무려 용기에 담고 한지로 덮는다(이름과 날짜, 각종 재료의 비율을 기록).

2. 2~3일에 한 번씩 설탕이 완전히 녹을 때까지 잘 뒤집어 주고 30일 정도 발효시킨 후 건더기는 걸러 낸다(발효 상태를 확인한 후 기간은 가감될 수 있다).

3. 1차 발효된 청은 30일 이상 실온에서 2차 숙성시킨 후 냉장 보관하면서 음식의 용도에 따라 사용한다(보관 시 뚜껑은 살짝 열어 둔다).

[고사리발효청과 피마자발효청] 고사리와 피마자는 서로 궁합이 잘 맞아 같이 사용하면 효과가 상승한다.

고사리발효청나물볶음

재료(2인분) 불린 고사리 140g, 참기름 1큰술, 물 약간
양념 맛간장 1큰술, 다진 마늘 1/2큰술, 다진 파 1/2큰술, 고사리발효청 1큰술, 깨소금 약간

만드는 법

❶ 고사리는 삶아 충분히 물에 불려 4~5cm 길이로 자른다.

❷ 팬에 참기름을 두르고 고사리를 볶다가 양념을 넣고 볶는다.

❸ 어느 정도 볶아지면 물을 약간 넣고 뚜껑을 덮어 약한 불로 익힌다.

차즈기 차조기, 소엽, 적소

채취 시기 잎 : 여름, 열매 : 가을
특징 및 효능 장마가 지속되는 여름철 들녘이나 산기슭 입구에서 쉽게 만날 수 있는 산야초 중 하나이다. 모양새가 들깨와
비슷하지만 짙은 보라색을 띠고 있다. 생선 중독에는 잘게 부순 건조한 잎을 찻숟가락 하나에 뜨거운 물을 부어 차로 마신다.
잎과 종자를 달여 마시면 감기에 좋다. 혈액 순환, 노화 방지, 소화, 해독에 좋다.
✳ Tip ✳ 차즈기는 잉어와 함께 먹으면 좋지 않다.

발효청 담그기

🌸 **재료** 차즈기 잎 2kg, 설탕 1kg, 소금 2큰술, 조청(꿀 또는 올리고당) 1.5컵

🌸 **만드는 법**

1. 차즈기 잎을 깨끗이 씻어 물기를 제거한 후 나머지 재료를 넣고 버무려 용기에 담고 한지로 덮는다(이름과 날짜, 각종 재료의 비율을 기록).

2. 2~3일에 한 번씩 설탕이 완전히 녹을 때까지 잘 뒤집어 주고 20일 정도 발효시킨 후 건더기는 걸러 낸다(발효 상태를 확인한 후 기간은 가감될 수 있다).

3. 1차 발효된 청은 20일 이상 실온에서 2차 숙성시킨 후 냉장 보관하면서 음식의 용도에 따라 사용한다(보관 시 뚜껑은 살짝 열어 둔다).

4. 1차 발효된 건더기는 장아찌를 만들거나 갖은 양념하여 무쳐 먹는다.

[차즈기잎발효청]

차즈기발효청마른도토리묵볶음

재료(2인분) 말린 도토리묵 채 100g, 양파 50g, 당근 50g, 대파 20g, 들기름 약간

양념 다진 마늘 1큰술, 맛간장 1큰술, 차즈기발효청 1큰술, 깨소금 약간

만드는 법

❶ 말린 도토리묵 채는 물에 불린 다음 끓는 물에 살짝 데쳐 물기를 뺀다.

❷ 양파는 굵게 채 썰고, 당근도 양파와 비슷한 크기로 자르고, 대파는 어슷하게 썬다.

❸ 팬에 들기름을 두르고 불린 도토리묵 채를 볶다가 ❷의 채소와 양념을 넣고 채소가 너무 익지 않게 볶는다.

무화과

채취 시기 잎 : 봄, 열매 : 여름

특징 및 효능 꽃이 피지 않는 과실이라 해서 무화과라고 하나 실제로 꽃은 과실 내에서 피므로 외부로 나타나지 않을 뿐이다. 말린 잎을 공복에 먹으면 혈압 강하에 도움이 되며, 껍질에는 폴리페놀(polyphenol)이 함유되어 있어 노화를 늦추는 항산화 효과가 있을 뿐 아니라 항균 작용을 하며 소화를 촉진하고 변비, 항암, 해독에도 도움을 준다.

☀ Tip ☀ 무화과는 당분이 높아서 발효청을 잘못 담그면 잼으로 변하므로 익었거나 상처 난 것을 골라 낸 후 담가야 한다.

발효청 담그기

❋ **재료** 무화과 2kg, 설탕 1kg, 소금 2큰술, 조청(꿀 또는 올리고당) 1.5컵

❋ **만드는 법**

1. 무화과를 씻어 물기를 제거한 뒤 나머지 재료를 넣고 버무려 용기에 담고 한지로 덮는다(이름과 날짜, 각종 재료의 비율을 기록).

2. 2~3일에 한 번씩 설탕이 완전히 녹을 때까지 잘 뒤집어 주고 30일 정도 발효시킨 후 건더기는 걸러 낸다.

3. 1차 발효된 청은 30일 이상 실온에서 2차 숙성시킨 후 냉장 보관하면서 음식의 용도에 따라 사용한다(보관 시 뚜껑은 살짝 열어 둔다).

4. 1차 발효된 건더기는 잼을 만들어도 좋다.

[무화과발효청]

무화과발효청채소말이냉채

재료(2인분) 쌈무 100g, 무순 20g, 당근 1/4개, 오이 1/2개, 노란 파프리카 1/2개

무화과 소스 무화과발효청 건더기 50g, 된장 1작은술, 식초 2큰술, 무화과발효청 1큰술, 연겨자 1큰술

만드는 법

❶ 쌈무는 체에 밭쳐 두고, 무순은 물에 흔들어 씻어 물기를 제거한다. 당근, 오이, 노란 파프리카는 굵게 채를 썰어 준비한다.

❷ 분량대로 소스 재료를 믹서에 넣고 갈아 무화과 소스를 준비해 둔다.

❸ 준비한 채소를 쌈무에 종류별로 넣고 돌돌 말아 접시에 담고 준비해 둔 무화과 소스를 곁들여 낸다.

곰취 웅소

채취 시기   잎 : 봄~가을, 꽃 : 여름

특징 및 효능   산속에 사는 곰이 좋아하는 나물이라는 뜻에서 곰취라는 이름이 붙었다고 한다. 흔히 곰취나물이라 불리는 것은 곰취의 잎을 말한다. 한방에서는 곰취의 뿌리를 '호로칠'이라 하여 약용하는데 피를 잘 돌게 하고 통증을 멈추게 하며 천식, 관절통, 항암, 지혈에 효능이 있다.

＊Tip＊   곰취는 들기름에 볶아 먹으면 영양적으로 우수하다.

발효청 담그기

❋ **재료** 곰취 잎 2kg, 설탕 1kg, 소금 2큰술, 조청(꿀 또는 올리고당) 1.5컵

❋ **만드는 법**

1. 곰취 잎(꽃은 여름에 따서 씻지 않고 사용한다)은 깨끗이 씻어 물기를 제거한 후 나머지 재료를 넣고 버무려 용기에 담고 한지로 덮는다(이름과 날짜, 각종 재료의 비율을 기록).

2. 2~3일에 한 번씩 설탕이 완전히 녹을 때까지 잘 뒤집어 주고 30일 정도 발효시킨 후 건더기는 걸러 낸다(꽃 20일).

3. 1차 발효된 청은 30일 이상 실온에서 2차 숙성시킨 후 냉장 보관하면서 음식의 용도에 따라 사용한다(보관 시 뚜껑은 살짝 열어 둔다).

4. 1차 발효된 건더기는 장아찌를 만들거나 갖은 양념하여 무쳐 먹는다.

[곰취잎발효청]

곰취발효청쌈밥과 쌈장

재료(2인분) 곰취 어린잎 200g, 소금 약간, 밥 2공기
된장 양념 된장 2큰술, 다진 마늘 1작은술, 다진 파 1큰술, 곰취발효청 3큰술, 청주 1큰술, 깨소금 · 참기름 약간씩

만드는 법

❶ 끓는 물에 소금을 넣고 곰취를 삶아 찬물에 헹궈 준비한다.

❷ 삶아 둔 곰취 잎에 밥을 넣어 돌돌 말아 쌈밥을 만든다.

❸ 된장 양념 재료를 볶아 쌈밥과 곁들여 낸다.

매실 매실나무 열매

채취 시기 봄~여름

특징 및 효능 매실나무(매화나무)만큼 약으로, 음식으로, 차로 다양하게 활용되는 나무도 없다. 4월경에 피는 꽃은 감상 가치가 높아 정원수로 많이 심는다. 세포의 노화를 막고 피로를 해소하며 위염과 위궤양에 효과가 있다. 또한 혈액의 흐름을 좋게 하고 심근 경색과 협심증을 예방하며 식중독, 설사, 소화 불량, 기침, 가래, 무좀, 버짐 등에 다양한 효능을 가지고 있다.

❋ Tip ❋ 장아찌용으로 사용할 것은 발효청으로 사용할 것과 분리하여 열매를 잘라서 담근다.

발효청 담그기

※ **만드는 법**

1. 매실(꽃을 사용할 경우에는 봄에 따서 씻지 않고 사용한다)은 단단한 것을 깨끗이 씻어 물기를 제거한 후 나머지 재료를 넣고 버무려 용기에 담고 한지로 덮는다(이름과 날짜, 각종 재료의 비율을 기록).

2. 2~3일에 한 번씩 설탕이 완전히 녹을 때까지 잘 뒤집어 주고 60일 정도 발효시킨 후 건더기는 걸러 낸다(꽃 20일, 잎 30일).

3. 1차 발효된 청은 60일 이상 실온에서 2차 숙성시킨 후 냉장 보관하면서 음식의 용도에 따라 사용한다(보관 시 뚜껑은 살짝 열어 둔다).

> **Tip** 1차 발효된 열매는 씨를 발라낸 후 잼이나 다른 요리에 활용해도 좋다.

[매실발효청]

매실발효청돼지고기강정

재료(2인분) 돼지고기 300g, 매실발효청 건더기 50g, 녹말가루(전분) 1컵, 튀김가루 1/2컵, 식용유 적당량

돼지고기 밑간 청주 1큰술, 생강즙 1작은술, 매실발효청 1작은술, 후춧가루 약간

양념장 발효청고추장 2큰술, 매실발효청 2큰술, 맛간장 1큰술, 다진 마늘 1/2큰술, 생강즙 1작은술

만드는 법

❶ 돼지고기는 한입 크기로 잘라 밑간해 두고, 매실발효청 건더기는 씨를 발라내어 2등분한다.

❷ 녹말가루와 튀김가루를 각각 1/2컵씩 섞어 튀김옷 반죽을 만들어 둔다.

❸ 밑간해 둔 돼지고기에 녹말가루를 묻혀 튀김옷 반죽에 적셔 170℃ 식용유에 바삭하게 두 번 튀긴다.

❹ 냄비에 분량의 양념장 재료를 넣어 끓이다가 튀긴 돼지고기와 매실발효청 건더기를 넣고 버무린다.

비름 현채, 비듬나물, 새비름, 야현, 백현, 녹현

채취 시기 봄~여름

특징 및 효능 비름은 일반적으로 길가나 밭, 사람이 사는 집 주변에 잘 자라는 습성이 있다. 맛도 좋지만 약성 또한 대단하여 여러모로 두루 사용된다. 우리 몸에 필요한 단백질, 지질, 당질, 섬유소, 칼슘, 각종 비타민을 공급해 준다고 알려져 있고 지혈, 살균, 해독, 자궁 수축, 칼슘 보충 등의 효능을 가지고 있다.

☀ Tip ☀ 비름 잎 속에 들어 있는 수은은 중독의 위험성이 있으나 삶아서 먹으면 그 잔류량이 현저히 떨어진다.

발효청 담그기

❀ 재료 비름 전초 2kg, 설탕 1kg, 소금 2큰술, 조청(꿀 또는 올리고당) 1.5컵

❀ 만드는 법

1. 비름 전초를 깨끗이 씻어 물기를 제거한 후 나머지 재료를 넣고 버무려 용기에 담고 한지로 덮는다(이름과 날짜, 각종 재료의 비율을 기록).

2. 2~3일에 한 번씩 설탕이 완전히 녹을 때까지 잘 뒤집어 주고 30일 정도 발효시킨 후 건더기는 걸러 낸다(발효 상태를 확인한 후 기간은 가감될 수 있다).

3. 1차 발효된 청은 30일 이상 실온에서 2차 숙성시킨 후 냉장 보관하면서 음식의 용도에 따라 사용한다(보관 시 뚜껑은 살짝 열어 둔다).

4. 1차 발효된 건더기는 장아찌를 만들거나 갖은 양념하여 무쳐 먹는다.

[비름발효청]

닥나무 닥, 딱나무, 저상, 저목

채취 시기 봄~가을

특징 및 효능 산기슭 양지쪽이나 밭둑에서 자라며, 나무껍질의 섬유가 길고 질겨서 오랫동안 보존을 요하는 창호지나 화선지 등의 종이를 만드는 데 이용된다. 옛날에는 닥나무 껍질로 저포라는 베를 짜기도 했다. 이뇨 작용을 하고 중풍, 류머티즘, 타박상, 부종, 피부염 등에 효능이 있다.

✳ **tip** ✳ 닥나무 잎을 이용하여 발효청을 만들 경우 건더기는 피클, 나물 등 다양한 용도로 사용할 수 있다.

발효청 담그기

❋ **재료** 닥나무 잎 2kg, 설탕 1kg, 소금 2큰술, 조청(꿀 또는 올리고당) 1.5컵

❋ **만드는 법**

1. 닥나무 잎은 깨끗이 씻어 물기를 제거하여 나머지 재료를 넣고 버무려 용기에 담고 한지로 덮는다(이름과 날짜, 각종 재료의 비율을 기록).

2. 2~3일에 한 번씩 설탕이 완전히 녹을 때까지 잘 뒤집어 주고 30일 정도 발효시킨 후 건더기는 걸러 낸다(발효 상태를 확인한 후 기간은 가감될 수 있다).

3. 1차 발효된 청은 30일 이상 실온에서 2차 숙성시킨 후 냉장 보관하면서 음식의 용도에 따라 사용한다(보관 시 뚜껑은 살짝 열어 둔다).

4. 1차 발효된 건더기는 장아찌를 만들거나 갖은 양념하여 무쳐 먹는다.

[닥나무잎발효청]

닥나무발효청돼지고추장불고기

재료(2인분) 돼지고기(삼겹살) 500g, 파채 100g

양념장 맛간장 2큰술, 고춧가루 1큰술, 발효청고추장 2큰술, 다진 파 4큰술, 다진 마늘 2큰술, 닥나무발효청 4큰술, 생강즙 2큰술, 깨소금 2큰술, 참기름 2큰술

만드는 법

❶ 돼지고기는 두툼하게 썰어 잔 칼집을 넣어 준비해 둔다.

❷ 분량의 양념장 재료를 섞어 ❶의 돼지고기를 재워서 볶는다.

❸ 접시에 볶은 돼지고기와 파채를 곁들여 담아 낸다.

두릅 목말채, 모두채

채취 시기 새순 : 봄, 열매 : 10월, 껍질과 뿌리 : 겨울~봄

특징 및 효능 이른 봄에 올라오는 두릅나무의 어린순을 두릅이라고 하며, 양질의 단백질과 비타민 C가 풍부하여 천연 피로 회복제로도 손색이 없다. 당뇨병에는 두릅나무 껍질, 연전초, 자파엽을 잘 건조하여 달여서 마신다. 발암 물질 활동 억제, 심장병, 신경 쇠약, 관절염, 설사, 변비 등에 효능이 있다. 저혈압에는 유효하나 고혈압 환자는 먹지 않는다.

✳ Tip ✳ 두릅나무는 뿌리를 쓸 때는 늦은 겨울부터 봄 사이에 채취해야 효과가 있고, 가을에 캔 것은 효과가 거의 없다.

발효청 담그기

❊ 재료 두릅 2kg, 설탕 1kg, 소금 2큰술, 조청(꿀 또는 올리고당) 1.5컵

❊ 만드는 법

1. 두릅은 이른 봄에 가시에 주의하면서 채취하여 다듬어 깨끗이 씻어 물기를 제거한 후 나머지 재료를 넣고 버무려 용기에 담고 한지로 덮는다(이름과 날짜, 각종 재료의 비율을 기록).

2. 2~3일에 한 번씩 설탕이 완전히 녹을 때까지 잘 뒤집어 주고 30일 정도 발효시킨 후 건더기는 걸러 낸다(발효 상태를 확인한 후 기간은 가감될 수 있다).

3. 1차 발효된 청은 30일 정도 2차 숙성시킨 후 냉장 보관하면서 음식의 용도에 따라 사용한다(보관 시 뚜껑은 살짝 열어 둔다).

[두릅발효청]

두릅초밥

재료(2인분) 밥 2공기, 김 1장, 두릅 100g, 소금 약간
배합초 식초 3큰술, 두릅발효청 2큰술, 소금 약간
발효청고추장 양념 발효청고추장 1큰술, 와사비 1작은술, 맛간장 1작은술, 두릅발효청 1큰술

만드는 법

❶ 뜨거운 밥에 배합초를 넣고 재빨리 섞어 초밥을 만들어 둔다. 김은 띠를 두를 수 있게 잘라 둔다.

❷ 두릅은 깨끗이 손질하여 끓는 물에 소금을 넣고 데쳐 찬물에 헹궈 준비한다.

❸ 밥을 손으로 뭉쳐 두릅을 올린 뒤 김으로 띠를 둘러 초밥을 완성하여 발효청고추장 양념과 같이 곁들여 낸다.

감나무

채취 시기 봄~여름

특징 및 효능   따뜻한 지방에서 잘 자라며 열매인 '감'은 생으로 먹거나 곶감을 만들어 먹는다. 건조시킨 잎을 달여서 차 대신 마시면 혈압 강하에 좋다. 딸꾹질할 때 감꼭지와 생강을 같은 양으로 넣어 달여 마신다. 불면증, 당뇨병, 순환기 질환, 피로 회복에도 효능이 있다. 감잎 차는 칼로리가 낮아 비만인 사람에게 적합하나 변비가 심한 사람은 마시지 않는 것이 좋다.

☀ Tip ☀   감잎은 약산성이기 때문에 가능한 알칼리성 약초 차와 함께 마시는 것은 피한다.

발효청 담그기

※ **재료** 감과 감잎 2kg, 설탕 1kg, 소금 2큰술, 올리고당(조청 또는 꿀) 1.5컵, 설탕 시럽(물
   1 : 설탕 1 끓임) 1컵

※ **만드는 법**

1. 감과 감잎은 깨끗이 씻어 물기를 제거한 후 감은 적당한 크기로 자르
   고 잎과 나머지 재료를 함께 넣고 버무려 용기에 담고 한지로 덮는다
   (이름과 날짜, 각종 재료의 비율을 기록).

2. 2~3일에 한 번씩 설탕이 완전히 녹을 때까지 잘 뒤집어 주고 30일
   정도 발효시킨 후 건더기는 걸러 낸다(꽃 20일).

3. 1차 발효된 청은 30일 이상 실온에서 2차 숙성시킨 후 냉장 보관하
   면서 음식의 용도에 따라 사용한다(보관 시 뚜껑은 살짝 열어 둔다).

4. 1차 발효된 건더기는 장아찌를 만들거나 갖은 양념하여 무쳐 먹는다.

[감 · 감잎발효청]

감발효청샐러드

재료(2인분) 감발효청 건더기 100g, 비타민 50g, 방
   울토마토 4개, 베이비 채소 100g

드레싱 감발효청 1큰술, 레몬즙 1큰술, 올리브오일
   1큰술, 소금 · 후춧가루 약간씩

만드는 법

❶ 감발효청 건더기는 한입 크기로 자르고, 비타민
   은 3~4등분하고, 방울토마토는 2등분하고, 베
   이비 채소는 씻어 물에 10분 정도 담가 두었
   다 건진다.

❷ 드레싱 재료를 분량대로 섞어 ❶에서 준비해 둔
   재료와 가볍게 섞어 접시에 담아낸다.

당귀 조선당귀, 건귀, 마미귀, 문무, 백기

채취 시기 순, 잎 : 봄, 꽃 : 여름, 뿌리 : 겨울

특징 및 효능 중국의 옛 풍습에 부인들이 전쟁터에 나가는 남편이 싸우다 기력이 다하면 당귀를 먹고 기운을 회복해 무사히 집으로 돌아오기를 바라는 마음에 품속에 당귀를 넣어 준 것에서 유래하여 마땅히 돌아오기를 바란다는 뜻으로 '당귀(當歸)'라는 이름이 붙었다고도 한다. 비타민 E가 함유되어 있고, 성질이 따뜻하며 맛은 달고 맵다. 각종 부인병에 효과적이다.

❋Tip❋ 흔히 개당귀로 불리는 맹독성 식물인 지리강활과 비슷하게 생겼으므로 주의해야 한다.

발효청 담그기

재료 당귀 잎(또는 뿌리) 2kg, 황설탕 1kg, 소금 2큰술, 올리고당(조청 또는 꿀) 1.5컵, 설탕 시럽(물 1 : 설탕 1 끓임) 1컵

만드는 법

1. 당귀 잎(뿌리를 사용할 경우에는 얇게 어슷 썰어 사용한다)은 깨끗이 씻어 물기를 제거한 후 나머지 재료를 넣고 버무려 용기에 담고 한지로 덮는다(이름과 날짜, 각종 재료의 비율을 기록).

   Tip 잎과 뿌리는 담그는 계절이 다르므로 따로 담근다.

2. 2~3일에 한 번씩 설탕이 완전히 녹을 때까지 잘 뒤집어 주고 30일 정도 발효시킨 후 건더기는 걸러 낸다(뿌리 60일).

3. 1차 발효된 청은 1차 발효 기간만큼 2차 숙성시킨 후 냉장 보관하면서 음식의 용도에 따라 사용한다(보관 시 뚜껑은 살짝 열어 둔다).

4. 1차 발효된 건더기는 장아찌를 만들거나 갖은 양념하여 무쳐 먹는다.

[당귀뿌리발효청]

당귀발효청꽃게무침

재료(2인분) 꽃게 2마리, 대파 1대, 풋고추 · 홍고추 1개씩

꽃게 밑간 향신장 3큰술, 생강즙 1작은술, 후춧가루 약간

양념 맛간장 5큰술, 고춧가루 4큰술, 당귀발효청 3큰술, 다진 양파 2큰술, 다진 마늘 1큰술, 다진 생강 1작은술, 통깨 · 향신장 2큰술

만드는 법

❶ 꽃게는 솔로 박박 문질러 깨끗이 씻어 먹기 좋은 크기로 잘라서 한 시간 정도 밑간해 둔다.

❷ 대파와 풋고추 · 홍고추는 어슷썰기하여 양념 재료를 분량대로 넣고 잘 섞어 둔다.

❸ ❶의 꽃게를 소쿠리에 밭쳐 물기를 제거한 뒤 ❷의 양념을 넣고 가볍게 버무려 낸다.

더덕 참더덕, 사삼, 백삼

채취 시기 잎 : 봄~여름, 꽃 : 여름, 뿌리 : 가을~겨울

특징 및 효능 무리지어 살기 때문에 한 뿌리를 발견하면 그곳에서 여러 뿌리를 채취할 수 있다. 도라지처럼 굵고, 자르면 흰색 즙액이 나온다. 뿌리는 칼슘, 인, 철분 같은 무기질이 풍부하고 단백질, 지방, 탄수화물, 비타민 B 등 영양가를 고루 갖춘 고칼로리 식품이다. 쌉쌀하면서도 단맛이 나고 독특한 향취가 있다. 천식, 모유의 양이 부족할 때, 가래, 위장병에 효과가 있다.

❋ Tip ❋ 더덕 꽃은 샐러드로 이용하면 예쁜 장식 재료가 된다.

발효청 담그기

❋ **재료** 더덕 꽃과 잎(또는 뿌리) 2kg, 황설탕 1kg, 소금 2큰술, 조청(꿀 또는 올리고당) 1.5
컵, 설탕 시럽(물 1 : 설탕 1 끓임) 1컵

❋ **만드는 법**

1. 더덕 꽃과 잎(뿌리를 쓸 경우에는 깨끗이 씻어 얇게 편 썰어서 사용
   한다)은 씻지 않고 손질하여 나머지 재료를 넣고 버무려 용기에 담고
   한지로 덮는다(이름과 날짜, 각종 재료의 비율을 기록).

2. 2~3일에 한 번씩 설탕이 완전히 녹을 때까지 잘 뒤집어 주고 30일
   정도 발효시킨 후 건더기는 걸러 낸다(뿌리 50일).

3. 1차 발효된 청은 실온에서 1차 발효 기간만큼 2차 숙성시킨 후 냉장
   보관하면서 음식의 용도에 따라 사용한다(보관 시 뚜껑은 살짝 열
   어 둔다).

4. 1차 발효된 건더기는 장아찌를 만들거나 갖은 양념하여 무쳐 먹는다.

[더덕꽃발효청과 더덕뿌리발효청]

더덕꽃발효청화전

재료(2인분) 더덕 꽃, 찹쌀가루 2컵, 소금 탄 뜨거운
물 · 식용유 적당량

시럽 더덕꽃발효청 1/2컵

만드는 법

❶ 더덕 꽃은 깨끗이 손질하여 준비해 둔다. 소금
탄 뜨거운 물을 넣어 가며 찹쌀가루를 익반죽
하여 지름 5cm 정도로 둥글납작하게 빚는다.

❷ 더덕꽃발효청을 끓여 시럽을 만들어 둔다.

❸ 팬에 식용유를 두르고 찹쌀가루 반죽한 것을 서
로 달라붙지 않게 지져 더덕 꽃으로 장식하며
잘 익힌 뒤 꺼내서 시럽을 고루 묻힌다.

"

담쟁이덩굴 담쟝이, 석벽려, 돌담장이

채취 시기 여름

특징 및 효능 '담장을 잘 올라가는 덩굴나무'라는 긴 이름이 줄어 '담쟁이덩굴'이 되었다. 오줌을 너무 자주 눌 때 진하게 달여 하루 세 번씩 며칠 나누어 마시면 도움이 된다. 혈당 강하, 혈액 순환, 항암, 당뇨, 진통, 부인병 등에 효능이 있다.

☀Tip☀ 바위에 붙어 자란 것에는 독성이 있어 사용하면 안 되며, 나무 중에서도 독성이 있는 밤나무, 버드나무 등에서 자란 것은 사용하면 안 된다.

발효청 담그기

 담쟁이덩굴 잎 2kg, 설탕 1kg, 소금 2큰술, 조청(꿀 또는 올리고당) 1.5컵

만드는 법

1. 담쟁이덩굴 잎은 깨끗이 씻어 물기를 제거한 후 나머지 재료를 넣고 버무려 용기에 담고 한지로 덮는다(이름과 날짜, 각종 재료의 비율을 기록).

2. 2~3일에 한 번씩 설탕이 완전히 녹을 때까지 잘 뒤집어 주고 30일 정도 발효시킨 후 건더기는 걸러 낸다(발효 상태를 확인한 후 기간은 가감될 수 있다).

3. 1차 발효된 청은 30일 이상 실온에서 2차 숙성시킨 후 냉장 보관하면서 음식의 용도에 따라 사용한다(보관 시 뚜껑은 살짝 열어 둔다).

[담쟁이덩굴잎발효청]

담쟁이덩굴발효청골뱅이무침

재료(2인분) 골뱅이 200g, 양배추 50g, 양파 1/4개, 오이 1/2개, 당근 1/4개, 풋고추 · 홍고추 1개씩, 대파 1/4대

양념장 발효청고추장 3큰술, 고춧가루 1큰술, 담쟁이덩굴발효청 4큰술, 식초 2큰술, 다진 마늘 1큰술, 생강즙 1작은술, 깨소금 · 참기름 약간씩

만드는 법

❶ 골뱅이는 절반으로 잘라 체에 밭쳐 물기를 제거한다.

❷ 양배추, 양파, 오이, 당근은 1×5cm 길이로 잘라 놓고, 풋고추 · 홍고추, 대파는 어슷하게 썬다.

❸ 볼에 분량대로 양념장 재료를 넣고 섞은 뒤, 준비한 재료를 모두 넣어 가볍게 무쳐 접시에 담아낸다.

엄나무 음나무, 엄목, 해동목, 자동, 개두릅나무

채취 시기 잎 : 봄, 껍질 : 여름

특징 및 효능 어디에서나 자라며 가시가 많은데 특히 어린 줄기에 더 많다. 공원수로 많이 심고, 가구재 및 악기재 등 재목으로 많이 사용한다. 스님의 바릿대를 만드는 재료이기도 하다. 통증 완화에 좋고 항암과 살균 효과가 있다. 단백질이 풍부한 닭과 엄나무를 함께 넣어 삼계탕을 끓여 먹으면 기력을 보충하는 데 좋다.

❋ Tip ❋ 봄에 어린순을 따서 물에 데쳐 초고추장에 찍어 먹거나 쌈을 싸서 먹는다.

발효청 담그기

❋ **재료** 엄나무 잎 2kg, 설탕 1kg, 소금 2큰술, 조청(꿀 또는 올리고당) 1.5컵

❋ **만드는 법**

1. 엄나무 잎을 깨끗이 씻어 물기를 제거한 후 나머지 재료를 넣고 버무려 용기에 담고 한지로 덮는다(이름과 날짜, 각종 재료의 비율을 기록).

2. 2~3일에 한 번씩 설탕이 완전히 녹을 때까지 잘 뒤집어 주고 30일 정도 발효시킨 후 건더기는 걸러 낸다.

3. 1차 발효된 청은 30일 이상 실온에서 2차 숙성시킨 후 냉장 보관하면서 음식의 용도에 따라 사용한다(보관 시 뚜껑은 살짝 열어 둔다).

4. 1차 발효된 건더기는 장아찌를 만들거나 갖은 양념하여 무쳐 먹는다.

[엄나무잎발효청]

엄나무발효청쇠고기채소말이

재료(2인분) 쇠고기(홍두깨살) 200g, 무순 30g, 팽이버섯 1봉지, 사과 1/2개, 설탕 약간, 대파 1대, 홍고추 1개

쇠고기 밑간 소금, 청주, 후춧가루 약간씩

양념장 고춧가루 1큰술, 참치액젓 1큰술, 레몬즙 1큰술, 엄나무발효청 2큰술, 다진 마늘 1작은술, 후춧가루 약간

만드는 법

❶ 쇠고기는 핏물을 제거하고 밑간을 해 두었다가 달군 팬에 살짝 굽는다.

❷ 무순은 물에 씻고, 팽이버섯은 밑부분을 잘라 내고 한 번만 씻어 준비한다. 사과는 깨끗이 씻어 껍질째 가늘게 채 썬 뒤 설탕물에 담근다. 대파와 홍고추는 5cm 길이로 잘라 가늘게 채 썰어 물에 담가 매운맛을 제거한다.

❸ 분량대로 섞어 양념장을 만든다.

❹ 구워 놓은 쇠고기에 무순, 팽이버섯, 사과, 대파, 홍고추를 넣고 돌돌 말아 양념장을 곁들인다.

돌복숭아 개복숭아, 산복사

채취 시기 여름

특징 및 효능 복사나무에 비해 꽃받침에 털이 없는 것이 특징이다. 봄마다 산과 들에 진분홍색 꽃을 피워 장관을 만들어 낸다. 신성한 기운이 있어 잡귀의 침범을 물리쳐 준다고 믿었던 시절, 동쪽으로 뻗은 가지로 귀신 들린 사람을 때려 귀신을 쫓아내기도 했다. 성질이 따뜻하며 맛은 달고 시다.

✳ Tip ✳ 돌복숭아발효청은 설탕이나 물엿 대용으로 사용하면 맛이 일품이다.

발효청 담그기

❋ **재료** 돌복숭아 2kg, 설탕 1kg, 소금 2큰술, 조청(꿀 또는 올리고당) 1.5컵

❋ **만드는 법**

1. 돌복숭아는 따서 깨끗이 문질러 털이 잘 제거되도록 씻은 다음 나머지 재료를 넣고 버무려 용기에 담고 한지로 덮는다(이름과 날짜, 각종 재료의 비율을 기록).

2. 2~3일에 한 번씩 설탕이 완전히 녹을 때까지 잘 뒤집어 주고 60일 정도 발효시킨 후 건더기는 걸러 낸다.

3. 1차 발효된 청은 60일 이상 실온에서 2차 숙성시킨 후 냉장 보관하면서 음식의 용도에 따라 사용한다(보관 시 뚜껑은 살짝 열어 둔다).

4. 1차 발효된 열매는 장아찌를 만들거나 잼을 만든다.

[돌복숭아발효청]

돌복숭아발효청피클

재료(2인분) 오이 2개, 양파 1개, 청양고추 3개, 홍고추 3개

양념 돌복숭아발효청 1컵, 식초 1컵, 소금 2큰술, 물 1컵, 통마늘 5쪽, 생강 1톨, 월계수 잎 2장, 통후추 10개

만드는 법

❶ 돌복숭아발효청과 식초를 제외한 나머지 양념 재료를 10분 정도 끓여, 식으면 돌복숭아발효청과 식초를 섞는다.

❷ 오이, 양파, 청양고추, 홍고추는 깨끗이 씻어 손질하여 먹기 좋은 크기로 잘라 ❶의 양념을 넣고 숙성되면 먹는다.

치자나무 임란, 좀치자, 겹치자나무

채취 시기 잎 : 여름, 열매 : 가을

특징 및 효능 치자나무 열매는 치자, 선자, 산치자, 수치자, 황치자, 황계자, 지자, 월도 등 다양한 이명으로 불린다. 치자(梔子)의 한자명을 보면 술잔 치(巵) 자에 나무 목(木) 자를 붙였는데, 그것은 꽃 모양이 술잔 같다 하여 붙여진 것이다. 도라지와 함께 끓여 먹으면 심장을 튼튼하게 한다. 치자는 피를 맑게 해 주고 여성의 냉증, 생리 불순에도 효능이 있다.

✳ Tip ✳ 치자나무 뿌리는 11월에 캔 것이 가장 좋다.

발효청 담그기

✳ **재료** 치자나무 열매(또는 잎) 2kg, 설탕 1kg, 소금 2큰술, 올리고당(조청 또는 꿀) 1.5컵,
설탕 시럽(물 1 : 설탕 1 끓임) 1컵

✳ **만드는 법**

1. 가을에 잘 익은 치자나무 열매(여름에는 잎을 사용한다)를 따서 깨끗이 씻어 잘게 부순 후 나머지 재료를 넣고 버무려 용기에 담고 한지로 덮는다(이름과 날짜, 각종 재료의 비율을 기록).

2. 2~3일에 한 번씩 설탕이 완전히 녹을 때까지 잘 뒤집어 주고 40일 정도 발효시킨 후 건더기는 걸러 낸다(잎 30일).

3. 1차 발효된 청은 40일 이상 실온에서 2차 숙성시킨 후 냉장 보관하면서 음식의 용도에 따라 사용한다(보관 시 뚜껑은 살짝 열어 둔다).

4. 1차 발효된 건더기는 각종 색을 내는 요리에 사용한다.

[치자나무잎발효청과 치자발효청]

치자발효청레몬아이스티

재료(2인분) 물 2컵, 홍차 2큰술, 잘게 부순 얼음 2컵,
레몬 2조각, 치자발효청 약간

만드는 법

❶ 물에 홍차를 넣고, 끓으면 불을 끄고 3~4분간 우려내어 거름망에 거른다.

❷ 컵에 잘게 부순 얼음과 홍차 우린 것을 넣고 레몬을 띄운다.

❸ 기호에 맞게 치자발효청을 넣는다.

산딸나무 석조화, 준딸나무, 산달나무, 미영꽃나무

채취 시기 잎 : 여름, 열매 : 가을

특징 및 효능 열매 모양이 딸기와 비슷하고 산에서 자라기 때문에 산딸나무라 한다. 한때 예수가 못 박힌 십자가가 이 나무로 만들어졌다는 소문이 퍼지면서 기독교인들이 성스러운 나무로 여기며 많이 심어서 작은 파동이 일기도 하였다. 지혈에는 꽃과 잎을 달여서 먹고 이뇨, 부종에는 열매로 술을 담가 취침 전에 소주잔으로 두세 잔 마신다.

❋ Tip ❋ 가을에 붉은색으로 익은 산딸나무 열매를 따서 술에 담가 밀봉하여 3개월 후에 먹는다.

발효청 담그기

🌸 **재료** 산딸나무 잎 2kg, 설탕 1kg, 소금 2큰술, 조청(꿀 또는 올리고당) 1.5컵

🌸 **만드는 법**

1. 산딸나무 잎은 깨끗이 씻어 물기를 제거한 후 나머지 재료를 넣고 버무려 용기에 담고 한지로 덮는다(이름과 날짜, 각종 재료의 비율을 기록).

2. 2~3일에 한 번씩 설탕이 완전히 녹을 때까지 잘 뒤집어 주고 30일 정도 발효시킨 후 건더기는 걸러 낸다.

3. 1차 발효된 청은 30일 이상 실온에서 2차 숙성시킨 후 냉장 보관하면서 음식의 용도에 따라 사용한다(보관 시 뚜껑은 살짝 열어 둔다).

4. 1차 발효된 건더기는 비빔밥 나물로 볶아 먹는다.

[산딸나무잎발효청과 거북꼬리발효청] 산딸나무와 거북꼬리는 궁합이 잘 맞는다.

화살나무 위모, 귀전우, 귀견우, 혼전우, 참빗나무

채취 시기   잎 : 봄

특징 및 효능   나뭇가지마다 우리나라 전통의 화살 깃처럼 생긴 코르크질의 잿빛 날개가 신비하게 붙어 있다 하여 화살나무라는 이름이 붙었다. 잎을 채취하여 깨끗하게 손질해 그늘에서 바짝 말렸다가 차로 끓여 자주 마시면 여성의 생리 불순과 자궁 염증 등에 특히 좋다. 암 예방에 도움이 되고 고혈압, 당뇨병, 동맥 경화에도 효능이 있다.

✳ Tip ✳   화살나무의 찬 성질은 어혈을 풀어 주고 혈액 순환을 촉진시키므로 임산부는 사용을 금한다.

발효청 담그기

🌼 **재료** 화살나무 잎 2kg, 흑설탕 1kg, 소금 2큰술, 올리고당(조청 또는 꿀) 1.5컵, 설탕 시럽(물 1 : 설탕 1 끓임) 1컵

🌼 **만드는 법**

1. 화살나무 잎은 깨끗이 씻어 물기를 제거한 후 나머지 재료를 넣고 버무려 용기에 담고 한지로 덮는다(이름과 날짜, 각종 재료의 비율을 기록).

2. 2~3일에 한 번씩 설탕이 완전히 녹을 때까지 잘 뒤집어 주고 30일 정도 발효시킨 후 건더기는 걸러 낸다(발효 상태를 확인한 후 기간은 가감될 수 있다).

3. 1차 발효된 청은 30일 이상 실온에서 2차 숙성시킨 후 냉장 보관하면서 음식의 용도에 따라 사용한다(보관 시 뚜껑은 살짝 열어 둔다).

[화살나무잎발효청과 미나리주스] 화살나무와 미나리는 서로 궁합이 맞아 효과가 좋다.

화살나무발효청해물찜

재료(2인분) 미더덕 200g, 바지락 200g, 중하 4마리, 조갯살 100g, 콩나물 300g, 미나리 200g, 대파 1대, 찹쌀가루 4큰술

양념장 된장 1작은술, 고춧가루 5큰술, 다진 마늘 3큰술, 화살나무발효청 2큰술, 생강즙 1작은술, 소금·후춧가루 약간씩

만드는 법

❶ 해물은 깨끗이 손질하여 준비한다. 콩나물은 머리와 꼬리를 떼어 씻어 두고, 미나리는 5cm 길이로 자르고, 대파는 어슷하게 썰어 준비한다.

❷ 손질해 둔 해물을 냄비에 넣고 센 불에서 익히다가 바지락 입이 벌어지면 콩나물과 대파를 넣고 익힌다.

❸ ❷에 분량의 양념장 재료를 넣고 고루 섞다가 미나리와 찹쌀가루를 넣고 걸쭉하게 농도를 맞추어 익혀서 그릇에 담아낸다.

제비꽃 병아리꽃, 앉은뱅이꽃, 장수꽃, 반지꽃, 외나물꽃

채취 시기 봄~여름

특징 및 효능 들에서 흔히 자라는 꽃으로 유럽에서는 그리스의 아테네를 상징하는 꽃이었다. 강남 갔던 제비가 돌아올 때쯤 핀다 하여 제비꽃이라고도 부르며, 이 꽃이 필 때쯤 오랑캐들이 북쪽에서 내려온다 하여 오랑캐꽃이라 부르기도 하였다. 피부 염증에 좋고 부기를 가라앉힌다.

＊Tip＊ 꽃을 화전 장식용 고명으로 사용하면 색이 곱다.

발효청 담그기

❀ **재료** 제비꽃 전초 2kg, 설탕 1kg, 소금 2큰술, 조청(꿀 또는 올리고당) 1.5컵

❀ **만드는 법**

1. 제비꽃 전초를 깨끗이 씻어 물기를 제거한 후 나머지 재료를 넣고 버무려 용기에 담고 한지로 덮는다(이름과 날짜, 각종 재료의 비율을 기록).

2. 2~3일에 한 번씩 설탕이 완전히 녹을 때까지 잘 뒤집어 주고 30일 정도 발효시킨 후 건더기는 걸러 낸다(발효 상태를 확인한 후 기간은 가감될 수 있다).

3. 1차 발효된 청은 30일 이상 실온에서 2차 숙성시킨 후 냉장 보관하면서 음식의 용도에 따라 사용한다(보관 시 뚜껑은 살짝 열어 둔다).

[제비꽃발효청]

제비꽃발효청팥빙수

재료(2인분) 팥 1/2컵, 소금 약간, 얼음 4컵, 프루트칵테일 약간, 장식용 과자 2개

시럽 제비꽃발효청 3컵, 우유 1/4컵

만드는 법

❶ 팥은 물을 네 배 정도로 하여 한 시간가량 푹 삶는다.

❷ 제비꽃발효청과 우유를 끓여 시럽을 만든다.

❸ 푹 삶은 팥을 적당히 으깨어 시럽과 소금으로 간을 하여 팥빙수용 팥을 만들어 둔다.

❹ 얼음을 갈아 그릇에 담고 ❸의 팥을 올린 뒤 프루트칵테일과 장식용 과자로 장식하여 낸다.

청미래덩굴 망개나무, 명감나무, 맹감나무, 매발톱가시

채취 시기 잎 : 봄, 열매 : 여름~가을, 뿌리 : 가을~겨울

특징 및 효능 우리나라 산야에서 흔히 볼 수 있는 덩굴성 관목이다. 한여름에 싱싱한 잎을 채취하여 깨끗이 손질한 뒤 잘게 썰어 통풍이 잘되는 그늘에 바짝 말렸다가 차 대용으로 끓여 마시면 몸속의 독을 푸는 데 좋으며, 중금속 오염이나 감기, 신경통에도 좋은 효과가 있다. 중국에서는 산귀래라 하여 매독 치료제로 썼다고 한다.

❋ Tip ❋ 청미래덩굴은 잔대와 궁합이 맞는다.

발효청 담그기

🌼 **재료** 청미래덩굴 잎 2kg, 설탕 1kg, 소금 2큰술, 올리고당(조청 또는 꿀) 1.5컵, 설탕 시럽(물 1 : 설탕 1 끓임) 1컵

🌼 **만드는 법**

1. 청미래덩굴 잎(가을~겨울에는 성숙된 열매와 뿌리를 사용한다)을 깨끗이 씻어 물기를 제거한 후 나머지 재료를 넣고 버무려 용기에 담고 한지로 덮는다(이름과 날짜, 각종 재료의 비율을 기록).

2. 2~3일에 한 번씩 설탕이 완전히 녹을 때까지 잘 뒤집어 주고 30일 정도 발효시킨 후 건더기는 걸러 낸다(열매 40일, 뿌리 60일).

3. 1차 발효된 청은 30일 이상 실온에서 2차 숙성시킨 후 냉장 보관하면서 음식의 용도에 따라 사용한다(보관 시 뚜껑은 살짝 열어 둔다).

4. 1차 발효된 건더기는 장아찌를 만들거나 고기와 함께 쌈용으로 사용해도 좋다.

[청미래덩굴잎발효청]

청미래덩굴발효청닭안심샐러드

재료(2인분) 닭고기(안심) 100g, 양상추 2장, 파란 파프리카 1/4개, 빨간 파프리카 1/4개, 샐러드 채소 · 식용유 약간

닭고기 밑간 청미래덩굴발효청 1큰술, 생강즙 1작은술, 소금 · 후춧가루 약간씩

드레싱 올리브오일 1큰술, 레몬즙 1큰술, 청미래덩굴발효청 1큰술, 다진 마늘 · 소금 · 후춧가루 약간씩

만드는 법

❶ 닭고기는 깨끗이 손질하여 물기를 제거하고 밑간해 두었다가 식용유를 두른 팬에 노릇하게 익혀 적당한 크기로 자른다. 양상추 등 채소는 먹기 좋은 크기로 잘라 찬물에 담가 둔다.

❷ 드레싱 재료를 분량대로 섞어 차게 해 둔다.

❸ 접시에 양상추 등 채소는 물기를 제거하여 담고, 구운 닭고기를 보기 좋게 담은 뒤 준비해 둔 드레싱을 뿌려 낸다.

방가지똥 방가지풀, 은고마채, 곡자채, 고거채, 고채

채취 시기 봄~가을

특징 및 효능 방가지똥의 줄기와 잎을 자르면 유백색 액이 나오며, 줄기 속은 비어 있고 모가 나 있다. 모양은 엉겅퀴와 비슷하고 꽃은 민들레와 비슷하다. 맛은 쓰고 성질이 차며 간과 위에 작용한다. 또한 열을 내리고 피를 맑게 해 주며, 해독 작용을 하고 불면, 위장병, 시력 향상에 도움을 준다. 염료 식물로 이용할 수 있다.

✳ Tip ✳ 방가지똥은 단백질이 풍부하며 변비에 좋다.

발효청 담그기

❀ **재료** 방가지똥 전초 2kg, 설탕 1kg, 소금 2큰술, 조청(꿀 또는 올리고당) 1.5컵

❀ **만드는 법**

1. 방가지똥 전초를 깨끗이 씻어 물기를 제거한 후 나머지 재료를 넣고 버무려 용기에 담고 한지로 덮는다(이름과 날짜, 각종 재료의 비율을 기록).

2. 2~3일에 한 번씩 설탕이 완전히 녹을 때까지 잘 뒤집어 주고 30일 정도 발효시킨 후 건더기는 걸러 낸다(발효 상태를 확인한 후 기간은 가감될 수 있다).

3. 1차 발효된 청은 30일 이상 실온에서 2차 숙성시킨 후 냉장 보관하면서 음식의 용도에 따라 사용한다(보관 시 뚜껑은 살짝 열어 둔다).

4. 1차 발효된 건더기는 김치를 만들거나 갖은 양념하여 무쳐 먹는다.

[방가지똥발효청]

방가지똥발효청삼각김밥

재료(2인분) 참치 통조림 1캔, 밥 2공기, 소금 · 참기름 약간씩, 삼각김밥용 김 2장

참치 양념 발효청고추장 3큰술, 다진 마늘 1작은술, 다진 파 1작은술, 방가지똥발효청 2큰술, 깨소금 · 참기름 약간씩

만드는 법

➊ 참치는 체에 밭쳐 기름을 빼고 팬에 볶다가 참치 양념을 넣고 볶아 속을 만들어 둔다.

➋ 밥에 소금과 참기름을 넣고 간을 한 다음, 삼각틀에 밥을 반만 넣고 참치 속을 넣고 다시 밥을 반 넣고 채워 삼각밥을 만든다.

➌ ➋에서 만들어 둔 삼각밥을 김으로 싸서 삼각김밥을 완성한다.

자귀나무 합환수, 유정수, 혼합수, 애정목

채취 시기 잎 : 봄, 꽃 : 여름

특징 및 효능 저녁이면 잎들이 합혼(合婚)한 것처럼 서로 맞붙기 때문에 자귀나무를 보고 있으면 부부싸움을 하다가도 화해를 하게 된다 하여 야합수, 합환목 등의 별명을 가지고 있다. 불면증, 뼈 강화에는 줄기, 뿌리, 껍질 등을 달여서 먹거나 차로 꾸준히 마시면 좋다. 불면증이나 건망증, 우울증에 효능이 있는 것으로 알려져 있다.

＊Tip＊ 불면증에 자귀나무 줄기나 뿌리, 껍질을 달여 차로 꾸준히 마시면 좋다.

발효청 담그기

❋ **재료** 자귀나무 잎 2kg, 황설탕 1kg, 소금 2큰술, 올리고당(조청 또는 꿀) 1.5컵, 설탕 시럽(물 1 : 설탕 1 끓임) 1컵

❋ **만드는 법**

1. 자귀나무 잎을 깨끗이 씻어 물기를 제거한 후 나머지 재료를 넣고 버무려 용기에 담고 한지로 덮는다(이름과 날짜, 각종 재료의 비율을 기록).

2. 2~3일에 한 번씩 설탕이 완전히 녹을 때까지 잘 뒤집어 주고 40일 정도 발효시킨 후 건더기는 걸러 낸다(꽃 20일).

3. 1차 발효된 청은 40일 이상 실온에서 2차 숙성시킨 후 냉장 보관하면서 음식의 용도에 따라 사용한다(보관 시 뚜껑은 살짝 열어 둔다).

[자귀나무잎발효청]

자귀나무발효청견과류강정

재료 땅콩 300g, 호박씨 · 해바라기씨 · 아몬드 각 50g씩

시럽 자귀나무발효청 2컵, 설탕 1큰술, 소금 약간

만드는 법

❶ 땅콩은 껍질을 벗겨 깔끔하게 손질하고, 나머지 견과류는 마른 팬에 살짝 볶아 둔다.

❷ 자귀나무발효청이 반이 될 때까지 조린 후 설탕과 소금을 약간 넣어 시럽을 만든다.

❸ 준비해 둔 견과류를 ❷의 시럽에 넣고 고루 버무린 다음 강정 틀에 부어 모양을 잡아 식기 전에 먹기 좋은 크기로 자른다.

싸리 싸리나무, 형조, 호지자, 모형

채취 시기 여름

특징 및 효능 자색이나 홍자색 꽃이 피며, 내한성이 강하고 건조에도 강해 황폐한 땅에서도 잘 자라고 공해에도 잘 견딘다. 옛날에는 광주리, 삼태기, 빗자루 등 생활용품 재료로 사용해 왔다. 사람 콩팥 모양으로 생겨서인지 종자는 콩팥 기능이 약한 사람에게 좋다. 두통이나 안면 홍조증에도 효능이 있다.

❋ Tip ❋ 크기가 작으므로 발효청을 담글 때는 꽃이 피었을 때 잎과 함께 훑어서 사용한다.

발효청 담그기

✱ **재료** 싸리 2kg, 설탕 1kg, 소금 2큰술, 조청(꿀 또는 올리고당) 1.5컵

✱ **만드는 법**

1. 싸리 꽃이 피었을 때 잎과 함께 훑어 깨끗이 씻어 물기를 제거한 후 나머지 재료를 넣고 버무려 용기에 담고 한지로 덮는다(이름과 날짜, 각종 재료의 비율을 기록).

2. 2~3일에 한 번씩 설탕이 완전히 녹을 때까지 잘 뒤집어 주고 30일 정도 발효시킨 후 건더기는 걸러 낸다(발효 상태를 확인한 후 기간은 가감될 수 있다).

3. 1차 발효된 청은 30일 이상 실온에서 2차 숙성시킨 후 냉장 보관하면서 음식의 용도에 따라 사용한다(보관 시 뚜껑은 살짝 열어 둔다).

[싸리발효청]

싸리발효청멸치볶음

재료(2인분) 잔멸치 200g, 마늘 2쪽, 식용유 2큰술, 통깨 약간

조림장 싸리발효청 1/2컵, 맛간장 1큰술, 다진 생강 1작은술

만드는 법

❶ 잔멸치는 체에 쳐서 가루를 제거하고, 마늘은 저며 둔다.

❷ 조림장 재료를 분량대로 넣고 끓여 둔다.

❸ 팬에 식용유를 두르고 저민 마늘을 볶아 향이 나면 잔멸치를 넣고 볶다가 준비해 둔 조림장을 넣고 볶는다.

❹ 마지막에 통깨를 뿌려 통에 담는다.

헛개나무 목밀, 목산호, 호깨나무, 지구자나무

채취 시기   잎 : 여름, 열매 : 가을, 줄기와 껍질 : 가을~겨울

특징 및 효능   알코올 중독에는 줄기를 달여 따뜻하게 하여 먹으면 그 효력이 빠르다. 어린 잎을 따서 물에 데쳐 나물로 먹거나 샐러드로 만들어 먹고, 잘 익은 열매로 술을 담가 먹는다. 숙취와 혈액 순환에 좋고 치질, 식중독, 관절염에도 좋다.

☀ **Tip** ☀   독성이 있으므로 신장, 심장, 호흡기 질환을 앓는 사람들은 피해야 한다. 특히 나무껍질의 노란 부분은 독성이 있으므로 복용해서는 안 된다. 익지 않은 열매도 독성이 있으므로 먹지 않는다.

발효청 담그기

✿ **재료** 헛개나무 잎 2kg, 설탕 1kg, 소금 2큰술, 조청(꿀 또는 올리고당) 1.5컵

✿ **만드는 법**

1. 헛개나무의 연한 잎(가을에는 검게 잘 익은 열매를 사용한다)을 채취하여 깨끗이 씻어 물기를 제거한 후 나머지 재료를 넣고 버무려 용기에 담고 한지로 덮는다(이름과 날짜, 각종 재료의 비율을 기록).

2. 2~3일에 한 번씩 설탕이 완전히 녹을 때까지 잘 뒤집어 주고 30일 정도 발효시킨 후 건더기는 걸러 낸다(열매 40일).

3. 1차 발효된 청은 30일 이상 실온에서 2차 숙성시킨 후 냉장 보관하면서 음식의 용도에 따라 사용한다(보관 시 뚜껑은 살짝 열어 둔다).

4. 1차 발효된 건더기는 장아찌를 만들거나 갖은 양념하여 무쳐 먹는다.

[헛개나무잎발효청과 감초발효청] 헛개나무 잎과 감초는 서로 궁합이 잘 맞는다.

헛개나무발효청맛간장게장

재료 꽃게 1.2kg, 마늘 2통, 생강 1톨, 마른 고추 3개, 대파 1대, 통후추 1큰술

맛간장 양념 맛간장 4컵, 헛개나무발효청 2컵, 물 1컵, 청주 1/2컵

만드는 법

❶ 꽃게는 솔로 박박 문질러 깨끗이 씻고, 마늘과 생강은 얇게 저며 썬다. 마른 고추는 씨를 털어내고 큼직하게 자르고, 대파는 3cm 길이로 썬다.

❷ 분량대로 맛간장 양념을 끓여 식힌다.

❸ 꽃게와 준비해 둔 재료를 항아리에 켜켜로 담고 식혀 둔 맛간장 양념을 붓는다.

❹ 2~3일에 한 번씩 맛간장 양념을 끓여 식힌 후 붓기를 두세 번 하여 서늘한 곳이나 냉장고에 10일 정도 보관하였다가 먹으면 된다.

머위 머구, 머우, 관동

채취 시기 봄

특징 및 효능 우리 주변에서 쉽게 볼 수 있는 머위는 겨우내 내린 눈이 아직 다 녹지 않은 양지 바른 곳에서 성급하게 꽃망울을 터뜨리며 새봄을 알리는 전령사이다. 눈 속에서도 꽃이 핀다 하여 '겨울꽃'이라고도 불리며, 한방에서는 '봉두채'라고 한다. 전초를 달여 차로 마시면 기침이 멎고 가래가 가라앉는다. 또한 변비와 골다공증 예방에도 좋다.

✸ Tip ✸ 들깨 즙을 넣어 머위와 함께 조리하면 맛이 부드러워지고 영양학적으로 좋다.

발효청 담그기

 머위 줄기와 잎 2kg, 황설탕 1kg, 소금 2큰술, 조청(꿀 또는 올리고당) 1.5컵

만드는 법

1. 머위 줄기와 잎을 깨끗이 씻은 다음 나머지 재료를 넣고 버무려 용기에 담고 한지로 덮는다(이름과 날짜, 각종 재료의 비율을 기록).

   Tip 머위 줄기와 잎을 각각 따로 발효청으로 담그면 발효 후 발효청 건더기를 따로 사용할 수 있다.

2. 2~3일에 한 번씩 설탕이 완전히 녹을 때까지 잘 뒤집어 주고 40일 정도 발효시킨 후 건더기는 걸러 낸다.

3. 1차 발효된 청은 40일 이상 실온에서 2차 숙성시킨 후 냉장 보관하면서 음식의 용도에 따라 사용한다(보관 시 뚜껑은 살짝 열어 둔다).

[머위발효청과 당귀발효청] 머위와 당귀는 서로 궁합이 잘 맞는다.

머위잎멸치젓쌈

재료(2인분) 머위 잎 100g, 밥 2공기

양념장 청·홍고추 1/2개씩, 멸치액젓 2큰술, 다진 마늘 1작은술, 머위발효청 1큰술, 참기름 1작은술

만드는 법

❶ 머위 잎은 끓는 물에 데쳐 찬물에 헹궈 준비한다.

❷ 양념장에 들어가는 청·홍고추는 잘게 다져 나머지 양념장 재료와 함께 섞어 준다.

❸ 데친 머위 잎에 밥을 넣어 쌈을 만들고 양념장을 곁들여 낸다.

우엉 우방, 우벙

채취 시기 잎 : 봄~가을, 뿌리 : 겨울
특징 및 효능 열매는 우방자, 뿌리는 우방근, 줄기와 잎은 우방경엽이라고 한다. 우엉 뿌리에는 이눌린(inulin) 성분이 함유되어 있어 당뇨병 환자에게 좋다. 우엉과 율무를 함께 먹으면 이뇨 작용으로 소변이 잘 나오고 체내 노폐물이 배설된다. 사마귀나 피부 검버섯을 없애고 변비에 좋으며, 식욕을 감소시켜 다이어트에도 효과가 있다.

✳ Tip ✳ 고기를 먹고 중독을 일으켰을 때 이를 해독하는 데 날우엉 뿌리를 달여 마시면 좋다.

150

발효청 담그기

✳ **재료** 우엉 뿌리 2kg, 설탕 1kg, 소금 2큰술, 조청(꿀 또는 올리고당) 1.5컵, 설탕 시럽(물 1 : 설탕 1 끓임) 1컵

✳ **만드는 법**

1. 우엉 뿌리는 깨끗이 씻어 물기를 제거하고 껍질째 잘게 썰어 나머지 재료를 넣고 버무려 용기에 담고 한지로 덮는다(이름과 날짜, 각종 재료의 비율을 기록).

2. 2~3일에 한 번씩 설탕이 완전히 녹을 때까지 잘 뒤집어 주고 50일 정도 발효시킨 후 건더기는 걸러 낸다(잎 30일).

3. 1차 발효된 청은 50일 이상 실온에서 2차 숙성시킨 후 냉장 보관하면서 음식의 용도에 따라 사용한다(보관 시 뚜껑은 살짝 열어 둔다).

4. 1차 발효된 건더기는 장조림이나 장아찌를 만들면 된다.

[우엉뿌리발효청]

우엉발효청볶음

재료(2인분) 우엉발효청 건더기 200g, 식용유 · 통깨 약간씩

양념장 발효청고추장 2큰술, 우엉발효청 1큰술, 다진 마늘 1작은술, 다진 파 1작은술, 후춧가루 약간

만드는 법

❶ 우엉을 발효시킨 후 건더기를 건져서 살짝 씻어, 준비한 양념장에 재운다.

❷ 팬에 식용유를 두른 뒤 양념을 넣고 타지 않게 우엉발효청 건더기를 볶아 접시에 담아 통깨로 장식한다.

생강 새앙, 생

발효청 담그기

✻ **재료** 생강 뿌리 2kg, 설탕 1kg, 소금 2큰술, 조청(꿀 또는 올리고당) 1.5컵, 설탕 시럽(물 1 : 설탕 1 끓임) 1컵

✻ **만드는 법**

1. 생강 뿌리는 깨끗이 씻어 물기를 제거한 후 어슷하게 썰어 나머지 재료를 넣고 버무려 용기에 담고 한지로 덮는다(이름과 날짜, 각종 재료의 비율을 기록).

2. 2~3일에 한 번씩 설탕이 완전히 녹을 때까지 잘 뒤집어 주고 40일 정도 발효시킨 후 건더기는 걸러 낸다(잎 30일).

3. 1차 발효된 청은 40일 이상 실온에서 2차 숙성시킨 후 냉장 보관하면서 음식의 용도에 따라 사용한다(보관 시 뚜껑은 살짝 열어 둔다).

4. 1차 발효된 건더기는 생강 대용으로 다양한 요리에 사용한다.

[생강발효청]

생강발효청고등어강정

재료(2인분) 고등어 1마리, 감자 전분 3큰술, 튀김가루 3큰술, 식용유 적당량

고등어 밑간 청주 1큰술, 생강즙 1작은술, 소금 · 후춧가루 약간씩

발효청고추장 소스 발효청고추장 3큰술, 청주 2큰술, 다진 마늘 1큰술, 생강발효청 3큰술, 참기름 1작은술

만드는 법

❶ 고등어는 살코기만 발라서 도톰하게 잘라 밑간을 해 둔다.

❷ 고등어에 감자 전분을 한번 입힌 다음 튀김가루와 감자 전분에 물을 섞어 만든 튀김옷 반죽에 묻혀 170℃ 식용유에 바삭하게 두 번 튀겨 준다.

❸ 분량의 발효청고추장 소스 재료를 넣고 끓인 뒤 튀겨 둔 고등어를 넣고 버무려 낸다.

인삼 삼, 지정, 신초, 인함, 귀개, 토정

채취 시기 가을

특징 및 효능 종자 선별에서 발아, 이식, 추수까지 무려 6년이라는 긴 시간이 필요한 다년생 식물이다. 원기 부족, 신체 허약에 뿌리를 달여서 먹는다. 암에는 인삼차를 수시로 마신다. 심혈관 기능, 정력 증강에도 효능이 있다.

❋ Tip ❋ 인삼은 꿀, 황기와 잘 맞는다.

발효청 담그기

❋ **재료** 인삼 뿌리 2kg, 설탕 1kg, 소금 2큰술, 조청(꿀 또는 올리고당) 1.5컵

❋ **만드는 법**

1. 가을에 4년 이상 된 인삼 뿌리(봄에는 새순을 사용한다)를 깨끗이 씻어 어슷하게 썰거나 갈아서 나머지 재료를 넣고 버무려 용기에 담고 한지로 덮는다(이름과 날짜, 각종 재료의 비율을 기록).

2. 2~3일에 한 번씩 설탕이 완전히 녹을 때까지 잘 뒤집어 주고 40일 정도 발효시킨 후 건더기는 걸러 낸다. 재료를 갈아서 만든 발효청은 건더기를 거르지 않고 2차 숙성시킨 후 그냥 사용한다.

3. 1차 발효된 청은 40일 이상 실온에서 2차 숙성시킨 후 냉장 보관하면서 음식의 용도에 따라 사용한다(보관 시 뚜껑은 살짝 열어 둔다).

4. 1차 발효된 건더기는 정과, 절편 등 다양한 용도로 사용해도 좋다.

[인삼발효청과 쑥발효청] 인삼과 쑥은 서로 궁합이 잘 맞는다.

닭다리살인삼꼬치

재료(2인분) 닭다리살 400g, 인삼 50g, 꼬치 8개

양념장 맛간장 3큰술, 인삼발효청 2큰술, 고춧가루 2작은술, 스위트칠리소스 4큰술, 다진 마늘 1큰술, 생강즙 1작은술, 후춧가루 약간

만드는 법

❶ 닭다리살은 한입 크기로 썰어 준비하고, 인삼은 2cm 길이로 도톰하게 편으로 썬다.

❷ 분량대로 양념장을 만들어 손질한 닭다리살에 버무려 둔다.

❸ 양념이 잘 밴 닭다리살을 인삼과 같이 꼬치에 끼워, 달군 그릴에 앞뒤로 타지 않게 골고루 구워 접시에 담아낸다.

적양파 자주양파

채취 시기 여름
특징 및 효능 '컬러 푸드'로 각광받고 있는 적양파는 푸른색 채소는 물론 각종 과일과도 잘 어울린다. 비타민 B1, B2, C와 칼슘, 인, 무기질 등이 들어 있어 혈액 순환을 촉진시켜 위장 기능을 강화한다. 일반 양파보다 칼슘 함량이 더 높다.

☀ **Tip** 적양파는 열량이 적고 콜레스테롤 농도를 저하시켜 다이어트에 좋다.

발효청 담그기

✳ **재료** 적양파 2kg, 설탕 1.6kg, 소금 2큰술

✳ **만드는 법**

1. 적양파의 겉껍질을 벗기지 않고 깨끗이 씻어 물기를 제거하고 채 썬 후 나머지 재료를 넣고 버무려 용기에 담고 한지로 덮는다(이름과 날짜, 각종 재료의 비율을 기록).

2. 2~3일에 한 번씩 설탕이 완전히 녹을 때까지 잘 뒤집어 주고 20일 정도 발효시킨 후 건더기는 걸러 낸다(잎, 줄기 30일).

3. 1차 발효된 청은 20일 이상 실온에서 2차 숙성시킨 후 냉장 보관하면서 음식의 용도에 따라 사용한다(보관 시 뚜껑은 살짝 열어 둔다).

[적양파발효청과 당근주스] 적양파는 당근과 궁합이 잘 맞는다.

적양파발효청샌드위치

재료(4인분) 잘게 썬 적양파(또는 1차 발효된 적양파발효청 건더기) 4컵, 올리브오일 · 소금 · 후춧가루 약간씩, 토마토 2개, 소시지 4개, 식빵 8장
양념 머스터드소스 2큰술, 다진 적양파 1큰술, 다진 마늘 1큰술, 레몬주스 1큰술, 적양파발효청 2큰술, 소금 · 후춧가루 약간씩

만드는 법

❶ 양념 재료를 분량대로 믹서에 넣어 갈아 둔다.

❷ 팬에 올리브오일을 두르고 적양파에 소금과 후춧가루를 뿌려 볶는다. 토마토는 링으로 자르고, 소시지는 길이로 반 잘라 팬에 구워 둔다.

❸ 식빵을 바삭하게 구운 다음 만들어 둔 양념을 바르고 토마토, 볶은 적양파, 소시지순으로 올려 누른 후 잘라 접시에 담아낸다.

황기 단너삼, 기초, 대삼, 독심, 면황기, 백본, 왕손

채취 시기 겨울
특징 및 효능 한약재로 사용되며 강원도 정선에서 황기 재배종의 70%를 생산한다. 식은땀, 고혈압에는 뿌리를 달여서 먹고 중풍 후유증에 의한 반신불수, 구완와사, 언어 장애에는 당귀와 천궁을 배합해서 먹는다.
✳ Tip ✳ 밀가루 반죽에 황기 추출물이나 황기 가루를 넣어 만든 황기 찐빵은 노화 방지에 효능이 있고 맛도 일품이다.

발효청 담그기

❊ **재료** 황기 뿌리 2kg, 설탕 1.2kg, 소금 2큰술, 조청(꿀 또는 올리고당) 1.5컵, 설탕 시럽(물 1 : 설탕 1 끓임) 5컵

❊ **만드는 법**

1. 황기 뿌리를 잘 씻은 다음 썰거나 갈아서 나머지 재료를 넣고 버무려 용기에 담고 한지로 덮는다(이름과 날짜, 각종 재료의 비율을 기록).

2. 2~3일에 한 번씩 설탕이 완전히 녹을 때까지 잘 뒤집어 주고 30일 정도 발효시킨 후 건더기는 걸러 낸다. 재료를 갈아서 만든 발효청은 건더기를 거르지 않고 2차 숙성시킨 후 그냥 사용한다.

3. 1차 발효된 청은 30일 이상 실온에서 2차 숙성시킨 후 냉장 보관하면서 음식의 용도에 따라 사용한다(보관 시 뚜껑은 살짝 열어 둔다).

[황기발효청 · 당귀발효청 · 감초발효청]
황기 · 감초 · 당귀는 서로 궁합이 잘 맞는다.

황기발효청햄버그스테이크

재료(2인분) 다진 쇠고기 · 다진 돼지고기 각 150g씩, 양파 1/4개, 샐러리 1/2개, 녹말가루 1작은술, 소금 · 후춧가루 약간씩, 식용유 적당량
스테이크 소스 물 4큰술, 맛간장 2큰술, 황기발효청 1/2컵, 청주 1큰술, 녹말가루 1작은술, 후춧가루 약간

만드는 법
❶ 양파와 샐러리는 다져서 팬에 볶아 둔다.
❷ 스테이크 소스는 분량대로 끓여 걸쭉한 농도로 만든다.
❸ 다진 고기와 채소에 녹말가루와 소금, 후춧가루를 넣고 치대어 둥글납작하게 반죽을 빚은 후 식용유를 두른 팬에 앞뒤로 노릇하게 지진다.
❹ 구운 햄버그스테이크를 접시에 담고 스테이크 소스를 뿌려 낸다.

감초 국로, 미초, 밀감, 밀초, 영통, 첨초, 로초

채취 시기 가을~초봄

특징 및 효능 '약방의 감초'라는 말은 감초의 쓰임에서 나온 말로 감초가 수많은 약재와 조화를 이루는 약재로 가장 많이 쓰이기 때문이다. 씹을 때 단맛이 난다 하여 '감초'라 부른다. 해독에는 뿌리를 달여서 먹거나 환을 만들어 먹는다.

✳ Tip ✳ 생것은 해독, 간염, 식중독, 피부염에 사용하고, 볶은 것은 위통, 복통에 효능이 좋다.

발효청 담그기

❋ **재료** 감초 2kg, 흑설탕 1.2kg, 소금 2큰술, 올리고당(조청 또는 꿀) 1.5컵, 설탕 시럽 (물 1 : 설탕 1 끓임) 5컵

❋ **만드는 법**

1. 감초는 깨끗이 씻어 나머지 재료를 넣고 버무려 용기에 담고 한지로 덮는다(이름과 날짜, 각종 재료의 비율을 기록).

2. 2~3일에 한 번씩 설탕이 완전히 녹을 때까지 잘 뒤집어 주고 60일 정도 발효시킨 후 건더기는 걸러 낸다.

3. 1차 발효된 청은 60일 이상 실온에서 2차 숙성시킨 후 냉장 보관하면서 음식의 용도에 따라 사용한다(보관 시 뚜껑은 살짝 열어 둔다).

[감초발효청 · 황기발효청 · 당귀발효청]

감초발효청동파육

재료(2인분) 삼겹살 500g, 생강 2쪽, 양파 1/2개, 통마늘 6쪽, 대파 1대, 청경채 5~6포기

조림 양념장 청주 1컵, 물 1컵, 감초발효청 4큰술, 맛간장 4큰술, 정향 · 통후추 3개씩

만드는 법

❶ 생강, 양파, 통마늘, 대파 1/2대는 적당한 크기로 잘라 삼겹살과 같이 끓이다가 불을 줄여 30~40분간 더 삶아 준다.

❷ 청경채는 2~4등분하여 끓는 물에 데쳐 준비하고, 대파의 나머지 반은 채 썰어 찬물에 담가 둔다.

❸ ❶의 삼겹살을 건져 찬물에 헹궈 조림 양념장에 넣고 국물이 조금 남을 때까지 중간 불에서 뭉근히 조린 후 먹기 좋게 잘라, 데친 청경채와 대파를 곁들여 낸다.

마늘 대산, 호산

발효청 담그기

❊ **재료** 통마늘 2kg, 설탕 1kg, 소금 2큰술, 올리고당(조청 또는 꿀) 1.5컵, 설탕 시럽(물 1 : 설탕 1 끓임) 1컵

❊ **만드는 법**

1. 껍질을 제거한 통마늘은 나머지 재료를 넣고 설탕이 녹을 때까지 버무려 용기에 담고 한지로 덮는다(이름과 날짜, 각종 재료의 비율을 기록).

   Tip 뿌리 재료는 설탕이 녹을 때까지 버무린 후 용기에 담는다.

2. 2~3일에 한 번씩 설탕이 완전히 녹을 때까지 잘 뒤집어 주고 30일 정도 발효시킨 후 건더기는 걸러 낸다(잎 20일, 마늘종 30일).

3. 1차 발효된 청은 30일 이상 실온에서 2차 숙성시킨 후 냉장 보관하면서 음식의 용도에 따라 사용한다(보관 시 뚜껑은 살짝 열어 둔다).

[마늘발효청]

마늘발효청해물꼬치구이

재료(2인분) 소라(골뱅이) 50g, 낙지 50g, 새우 50g, 마늘 10쪽, 꼬치 10개

양념장 마늘발효청 건더기 2큰술, 청양고추 1개, 마늘발효청 1큰술, 맛간장 1큰술, 청주 2큰술, 소금 · 후춧가루 약간씩

만드는 법

❶ 소라 등 해물은 깨끗이 씻어 마늘보다 약간 크게 잘라서 차례대로 꼬치에 끼워 둔다.

❷ 양념장 재료를 분량대로 믹서에 넣고 갈아 한소끔 끓여 식혀 둔다.

❸ ❶에서 준비해 둔 꼬치를 석쇠에 구우면서 양념장을 발라 준다.

비트 근공채, 홍채두, 화염채

채취 시기 봄~겨울

특징 및 효능 유럽 남부 원산의 대표적인 서양 채소로 비교적 재배하기 쉽고 전체를 식용할 수 있으며 색과 맛이 좋다. 특유의 단맛과 씹는 맛이 있다. 암 예방과 피로 및 스트레스 해소에 좋으며, 식이 섬유가 풍부해 변비에도 좋다.

✱ **Tip** ✱ 치즈, 토마토, 각종 샐러드용 채소와 어울린다.

발효청 담그기

재료 비트 뿌리 2kg, 설탕 1.2kg, 소금 2큰술, 조청(꿀 또는 올리고당) 1.5컵, 설탕 시럽
(물 1 : 설탕 1 끓임) 1컵

만드는 법

1. 비트 뿌리를 깨끗이 씻어 물기를 제거하고 잘게 썰어 나머지 재료를 넣고 버무려 용기에 담고 한지로 덮는다(이름과 날짜, 각종 재료의 비율을 기록).

2. 2~3일에 한 번씩 설탕이 완전히 녹을 때까지 잘 뒤집어 주고 40일 정도 발효시킨 후 건더기는 걸러 낸다.

3. 1차 발효된 청은 40일 이상 실온에서 2차 숙성시킨 후 냉장 보관하면서 음식의 용도에 따라 사용한다(보관 시 뚜껑은 살짝 열어 둔다).

4. 1차 발효된 건더기는 피클을 만들거나 색을 내는 요리에 활용한다.

[비트발효청]

비트발효청물김치

재료(2인분) 미나리 50g, 무 50g, 당근 50g, 비트발효청 건더기 500g
김칫국물 물 1.5L, 찹쌀가루 3큰술, 소금 약간
만드는 법

❶ 물에 찹쌀가루를 풀어 한소끔 끓인 후 소금을 약간 넣고 김칫국물을 만들어 식혀 둔다.

❷ 미나리는 깨끗이 씻어 4cm 길이로 자르고, 무와 당근은 얄팍하게 썰어 둔다.

❸ 비트발효청 건더기, 미나리, 무, 당근을 항아리에 담고, 만들어 둔 김칫국물을 부어 바로 먹어도 되고 숙성시켜 먹어도 된다.

마 서여, 산우

채취 시기 가을

특징 및 효능 뿌리는 산약이라고 하여 강장제로 쓴다. 식이 섬유가 풍부하고, 단백질 흡수를 돕는 뮤신(mucin)이 들어 있어 위궤양 예방과 치료에 도움을 준다. 디오스게닌(diosgenin)이 함유되어 있어 노화 방지에 효과가 있다.

✳ **Tip** ✳ 인삼, 당근, 돼지고기, 바나나 등 여러 가지 음식과 궁합이 좋다.

발효청 담그기

✳ **재료** 마 뿌리 2kg, 설탕 1kg, 소금 2큰술, 조청(꿀 또는 올리고당) 1.5컵

✳ **만드는 법**

1. 가을에 마 뿌리를 캐어 깨끗이 씻어 물기를 제거한 후 잘게 썰어서 나머지 재료를 넣고 버무려 용기에 담고 한지로 덮는다(이름과 날짜, 각종 재료의 비율을 기록).

2. 2~3일에 한 번씩 설탕이 완전히 녹을 때까지 잘 뒤집어 주고 20일 정도 발효시킨 후 건더기는 걸러 낸다(발효 상태를 확인한 후 기간은 가감될 수 있다).

3. 1차 발효된 청은 20일 이상 실온에서 2차 숙성시킨 후 냉장 보관하면서 음식의 용도에 따라 사용한다(보관 시 뚜껑은 살짝 열어 둔다).

4. 1차 발효된 건더기는 주스로 만들거나 갖은 양념하여 무쳐 먹는다.

[마발효청]

마발효청스무디

재료(2인분) 마 70g, 바나나 1/2개, 우유 1컵, 마발효청 2큰술

만드는 법

❶ 마와 바나나는 껍질을 벗긴다.

❷ 준비한 재료를 모두 믹서에 넣고 갈아 컵에 담아낸다.

새송이버섯 큰느타리버섯, 진미버섯

채취 시기 연중

특징 및 효능 수분 함유량이 다른 버섯보다 낮아서 저장 기간이 길어 버섯의 최대 단점인 짧은 유통 기한을 늘일 수 있는 것이 장점이다. 혈압과 혈당을 낮추어 주고 콜레스테롤을 저하시키며 고지혈증에도 좋다.

✳ Tip ✳ 쇠고기와 궁합이 잘 맞는다.

발효청 담그기

✿ **재료** 새송이버섯 2kg, 설탕 1.6kg, 소금 2큰술

✿ **만드는 법**

1. 깨끗이 씻어 손질한 새송이버섯은 썰어서 나머지 재료를 넣고 버무려 용기에 담고 한지로 덮는다(이름과 날짜, 각종 재료의 비율을 기록).

2. 2~3일에 한 번씩 설탕이 완전히 녹을 때까지 잘 뒤집어 주고 20일 정도 발효시킨 후 건더기는 걸러 낸다(발효 상태를 확인한 후 기간은 가감될 수 있다).

3. 1차 발효된 청은 20일 이상 실온에서 2차 숙성시킨 후 냉장 보관하면서 음식의 용도에 따라 사용한다(보관 시 뚜껑은 살짝 열어 둔다).

[새송이버섯발효청]

새송이버섯발효청유부초밥

재료(2인분) 우엉 30g, 당근 30g, 오이 30g, 유부 10개, 밥 2공기

유부 · 우엉 조림장 청주 · 맛간장 · 새송이버섯발효청 1큰술씩

배합초 식초 2큰술, 새송이버섯발효청 1큰술, 소금 약간

만드는 법

❶ 우엉, 당근, 오이는 다진다. 유부는 밀대로 밀어 끓는 물에 데쳐 물기를 빼고 조림장에 조린다. 다진 우엉도 조림장에 조린다.

❷ 따뜻한 밥에 배합초를 넣고 살살 섞어 초밥을 만들어 둔다.

❸ 조린 우엉과 당근, 오이를 ❷에 섞은 후 조린 유부 안에 넣어 유부초밥을 만든다.

느타리버섯 느타리, 천화심, 만이

채취 시기 연중

특징 및 효능 나무그루터기나 썩어 가는 활엽수 마른나무에서 무리지어 자란다. 콜레스테롤 등 지방의 흡수를 방해하여 비만을 예방해 준다. 비타민 D가 풍부해 동맥을 깨끗하게 해 주기 때문에 동맥 경화 예방과 치료에 좋은 효능을 볼 수 있다.

✼ Tip ✼ 세척해서 사용할 경우 수분 흡수가 빨라서 최대한 빨리 세척해야 한다.

발효청 담그기

✽ **재료** 느타리버섯 2kg, 설탕 1.6kg, 소금 2큰술

✽ **만드는 법**

1. 느타리버섯을 씻지 않고 깨끗이 다듬은 후 찢어서 나머지 재료를 넣고 버무려 용기에 담고 한지로 덮는다(이름과 날짜, 각종 재료의 비율을 기록).

2. 2~3일에 한 번씩 설탕이 완전히 녹을 때까지 잘 뒤집어 주고 20일 정도 발효시킨 후 건더기는 걸러 낸다(발효 상태를 확인한 후 기간은 가감될 수 있다).

3. 1차 발효된 청은 20일 이상 실온에서 2차 숙성시킨 후 냉장 보관하면서 음식의 용도에 따라 사용한다(보관 시 뚜껑은 살짝 열어 둔다).

[느타리버섯발효청]

느타리버섯장산적

재료(2인분) 느타리버섯 1팩, 쪽파 1줌, 꼬치 10개, 식용유 적당량

양념 맛간장 1큰술, 다진 마늘 1작은술, 느타리버섯발효청 1큰술, 참기름 · 후춧가루 약간씩

만드는 법

❶ 느타리버섯은 깨끗이 손질해 두고, 쪽파도 깨끗이 씻어 느타리버섯과 비슷한 크기로 잘라 준비한다.

❷ 손질한 느타리버섯에 분량의 양념을 넣고 조물조물 무친다.

❸ ❷의 양념한 느타리버섯과 쪽파를 번갈아 꼬치에 끼워 팬에 식용유를 두르고 앞뒤로 타지 않게 구워 준다.

 산야초로 만든
발효청과 요리

2014년 3월 10일 인쇄
2014년 3월 15일 발행

저자 : 이영순
펴낸이 : 남상호

펴낸곳 : 도서출판 **예신**
www.yesin.co.kr

140-896 서울시 용산구 효창원로 64길 6
대표전화 : 704-4233, 팩스 : 335-1986
등록번호 : 제3-01365호(2002.4.18)

값 14,000원

ISBN : 978-89-5649-111-0